SÉANCE PUBLIQUE

DE LA SOCIÉTÉ ROYALE

D'AGRICULTURE

DE LA GÉNÉRALITÉ DE LYON,

Tenue le 5 Janvier 1787.

SÉANCE PUBLIQUE
DE LA SOCIÉTÉ ROYALE D'AGRICULTURE DE LA GÉNÉRALITÉ DE LYON,

Tenue le 5 Janvier 1787.

A GENEVE,

Et se trouve à Lyon,

Chez AIMÉ DE LA ROCHE, & chez les Libraires qui vendent les Nouveautés.

M. DCC. LXXXVIII.

SÉANCE PUBLIQUE

DE LA SOCIÉTÉ ROYALE D'AGRICULTURE DE LYON,

Du 5 janvier 1787.

COMPTE-RENDU

Par M. Basset, lieutenant-général de police de Lyon, directeur de la ſociété royale d'agriculture en 1786, des travaux de la ſociété dans le cours de cette même année.

L'AGRICULTURE, la premiere & la véritable richeſſe de l'état, fut toujours ſpécialement protégée par le Gouvernement. Les ordonnances de nos rois ſont des monumens précieux de cette protection, qui éclata même dans des temps de calamités, & ſi, à l'exemple des empereurs de la Chine, nos rois ne donnerent pas toutes les années, pour inſpirer à leurs ſujets le goût de l'agriculture, le ſpectacle intéreſſant du ſouverain qui met lui-même la main à la charrue, & trace quelques ſillons qu'achevent les plus diſtingués de ſa cour, ſans imiter cette cérémonie pompeuſe, ils s'occuperent de l'agriculture pendant la paix, ils la regarderent comme la ſource du bonheur de leur peuple, ils encouragerent & protégerent l'agriculteur par de bonnes loix. Enfin, lorſque la philoſophie accompagna nos rois ſur le trône, ils ne ſe contenterent pas de cette protection & de cet encouragement, ils voulurent éclairer l'agriculteur, & pour cela, il fallut que les arts réunis concouruſſent à aider de leurs lumieres le premier de tous, ſans lequel tous les autres ne peuvent rien.

Louis XV voyant que l'agriculture ſeule n'avoit point d'école où elle pût ſe perfectionner, crut qu'il falloit commencer par établir au ſein des plus grandes villes, des foyers de lumieres auxquels viendroient contribuer les phyſiciens, les botaniſtes, les chymiſtes & les naturaliſtes, que c'étoit le ſeul moyen de combattre avec ſuccès les préjugés & les routines aveugles, de fixer d'après l'expérience les vrais principes de la théorie, & de parvenir enſuite par degrés à éclairer les habitans des campagnes.

M. Bertin, alors contrôleur-général des finances, miniſtre dont la mémoire nous ſera toujours chere, propoſa à ſon maître, pour remplir ſes vues de bonté & de ſageſſe, de créer des ſociétés d'agriculture à l'exemple de celle que les états de Bretagne avoient formée avec tant de ſuccès en 1756.

Tours & Paris furent les premieres villes où on en établit : mais bientôt Louis étendit ſes main paternelles sur toutes les provinces, & Lyon, cette ville superbe, dont le commerce s'étend d'un pole à l'autre, & qui nourrit dans son sein près de cent mille ouvriers qui y subsistent d'un travail précaire, avoit un intérêt trop réel à l'abondance des denrées pour ne pas concourir aux progrès de l'agriculture ; aussi, Messieurs, en mil sept cent soixante & un, fut créée notre société composée d'un bureau général séant à Lyon, & de quatre bureaux particuliers, qui tiennent leurs séances dans les villes de Montbrison, Saint-Etienne, Roanne & Villefranche. Je saisirai avec empressement cette occasion, pour apprendre au public qu'à la forme de nos réglemens, tout citoyen a le droit de nous envoyer ses observations sur l'agriculture, & d'être admis dans nos assemblées pour les développer & discuter. J'ajouterai, bien assuré d'être approuvé par mes confreres, qu'ils y seront accueillis avec cet empressement qui caractérise le desir des connoissances utiles.

Les sociétés d'agriculture, lors de leur établissement, furent animées du plus grand zele, aussi l'agriculture sembla renaître; mais, avouons-le, ce zele ne s'est pas soutenu. Plusieurs sociétés ont négligé de s'assembler ; d'autres ne donnerent point assez de publicité à leurs découvertes. La société de Paris desirant réveiller dans son sein cette noble émulation, qui est un des principaux mobiles des sciences & des arts, voulut l'année derniere mettre dans une séance publique, tous les citoyens à portée de connoître ses travaux, couronner en leur présence les vainqueurs, & donner par là une nouvelle impulſion au génie.

Vos regiſtres, toujours rédigés avec autant de zele que d'exactitude, atteſtent la continuité & l'utilité de vos ſéances ; mais en même temps ils prouvent combien il eſt intéreſſant pour le public, qu'à l'exemple de la ſociété de Paris, vous l'inſtruiſiez toutes les années de vos réflexions, de vos eſſais & de vos découvertes. Cet exemple ſe communiquera sûrement à toutes les autres ſociétés de province, & leur donnera une nouvelle activité d'où peut réſulter le plus grand bien pour l'agriculture.

Ne nous décourageons pas de ce que n'ayant que très-peu de fonds conſacrés à un prix annuel, nous n'en avons point encore pour récompenſer le laboureur, ni pour acquérir des terreins propres à faire des eſſais, ſans leſquels la théorie la plus ſatisfaiſante riſque ſouvent de s'égarer : nous vivons ſous un roi juſte, entouré de miniſtres éclairés; ils ſavent tous que l'agriculture eſt le nerf de l'état, qu'elle rend une nation indépendante de toutes les autres, & néceſſaire à pluſieurs. Nous avons le bonheur d'avoir à notre tête un adminiſtrateur qui veille ſans ceſſe, avec l'intérêt du pere le plus tendre, à tout ce qui peut être avantageux à la province confiée à ces ſoins ; dans toutes les occaſions, il s'eſt montré auprès du gouvernement le protecteur & le ſoutien des habitans des campagnes : pouvons-nous douter qu'il ne porte nos vœux aux pieds du trône, qu'il ne ſollicite les ſecours néceſſaires pour opérer le bien que l'on a droit d'attendre de nous, & qu'animé par cet intérêt soutenu & persuasif, que mettent toujours les belles ames à ce qui peut contribuer à la félicité publique, il ne parvienne sûrement à les obtenir ?

J'aurois dû être effrayé de l'obligation que je contractois lorsqu'à l'exemple de la capitale je vous engageai à tenir une séance publique. Le détail de vos travaux auroit pu être confié à des mains plus exercées : mais, je l'avouerai, convaincu que ces séances doivent contribuer à l'avancement du premier des arts à qui il reste encore bien des progrès à faire, même dans les matieres de premiere nécessité, je n'ai plus calculé mes forces.

Ce sera ici que nos concitoyens viendront se convaincre que l'agriculture a besoin d'étude & de réflexion, qu'il faut joindre les préceptes à l'expérience, que la terre ne devient féconde qu'avec des avances faites avec intelligence. Nous ne cesserons d'engager les gens instruits à aider de leurs lumieres le malheureux laboureur, enchaîné par l'habitude ; nous leur dirons que ce n'est pas toujours par le raisonnement que l'on peut vaincre les préjugés des gens de la campagne, mais par des essais répétés sous leurs yeux & justifiés par le succès ; qu'il faut les encourager, qu'il faut qu'ils trouvent dans leurs travaux une récompense sûre & suffisante. Loin de nous ce préjugé destructeur, qui ne veut pas laisser acquérir de l'aisance aux cultivateurs, de peur qu'ils n'abandonnent leurs charrues & ne laissent leurs terres en friche. Ah ! plutôt que le vœu du grand Henri soit exaucé ! & l'agriculture ſera bientôt auſſi floriſſante qu'elle peut l'être.

Ce ſera enfin ici, Meſſieurs, que ceux que leurs occupations n'empêchent pas de ſe livrer aux douceurs de l'agriculture, ou qui y conſacrent leurs momens de loiſir, viendront prendre des inſtructions qu'ils porteront dans les campagnes ; ils nous rapporteront le réſultat de leurs expériences, ſans oublier leurs fautes qui empêcheront que d'autres ne s'égarent ; ils trouveront ici les tréſors dont nous enrichira une correſpondance qui va s'établir entre notre ſociété, celle de Paris & celle de diverſes provinces ; l'agriculture comparée doit contribuer infiniment aux progrès de cet art : que de productions que l'on croit entiérement étrangeres à un ſol, & que l'on naturaliſe avec une culture raiſonnée !

Les circonſtances avoient empêché pendant longtemps que la ſociété eût des ſalles uniquement conſacrées à ſes aſſemblées : de là l'impoſſibilité de mettre de l'ordre dans nos mémoires, dans nos livres, & dans les modeles des machines deſtinées à perfectionner les inſtrumens d'agriculture. Nous avons, vers la fin de 1785, ſollicité avec ſuccès auprès des peres de la patrie, l'entiere diſpoſition de l'aſyle qu'ils nous avoient accordé dans le lieu qui fut autrefois le ſéjour des beaux arts. Pouvions-nous manquer de réuſſir dans notre demande? Elle fut appuyée par M. le prévôt des marchands ; il y montra le zele qui l'anime dans tout ce qui peut tendre au bien public. Nous le prions d'être notre interprete auprès de MM. du conſulat, de l'hommage que nous leur rendons en ce jour.

Je me hâte de remplir la fonction dont je suis honoré en rendant compte de vos travaux depuis les derniers mois de l'année 1785.

J'aurois desiré pouvoir vous donner un apperçu de tous les ouvrages intéressans qui ont été faits depuis la création de la société ; mais un de nos membres s'occupe dans ce moment à mettre en ordre nos papiers & la collection nombreuse de nos mémoires : quand ce travail sera achevé, vous vous empresserez sans doute, Messieurs, d'ouvrir vos porte-feuilles au public & de lui faire part de ce qu'ils contiennent de plus précieux.

M. le comte D'ALBON nous a lu un discours sur cette question intéressante :

Les bœufs doivent-ils être préférés aux chevaux pour la culture de la terre ?

L'auteur se décide pour l'affirmative, & il prétend que des preuves morales & physiques viennent à l'appui de cette opinion.

Chaque être dans l'ordre de la nature a sa destination, & cette destination nous est continuellement indiquée par nos besoins ; celle du bœuf pour les travaux champêtres fut reconnue dès la naissance du monde, & l'homme n'appella à lui le cheval que pour l'employer à la course & au combat. L'auteur n'est point surpris que dans les siecles où l'on divinisoit les êtres qui méritoient la reconnoissance de l'homme, les peuples pénétrés de l'utilité du bœuf lui aient décerné les honneurs de la divinité. Il établit par plusieurs preuves, 1°. que le taureau & même le bœuf l'emportent sur le cheval par la force & la constance de leur travail. 2°. Que l'entretien du bœuf est moins dispendieux que celui du cheval, en le considérant dans son éducation, dans sa nourriture, dans ses maladies, dans son logement, dans la dépense de ses harnois & dans les instrumens dont on se sert pour appliquer utilement sa force. 3°. Que l'achat du bœuf est moins cher que celui du cheval, son service plus long & meilleur, & sa défaite plus assurée. 4°. Que les fermes exploitées par des bœufs donnent un profit plus considérable que celles où l'on se sert de chevaux.

M. le comte d'Albon voudroit que l'on se servît de taureaux pour le labourage; il combat toutes les raisons qui ont décidé à donner la préférence aux bœufs. Il est des pays entiers où l'on ne connoît que l'usage des taureaux. C'est un animal fougueux: mais nous sommes cependant venus à bout de le plier au gré de notre volonté, sans lui ôter le principe de sa force & de sa noblesse; la Beauce, le Berry & la Flandre nous en fournissent la preuve.

Ce mémoire est rempli de bonnes vues, de détails intéressans, & accompagné de notes pleines d'érudition.

Le rouissage du chanvre est un des objets des plus intéressans pour l'agriculture & pour les arts. La société a cru y devoir fixer son attention, & comme le bien de l'humanité est son premier but, elle a desiré qu'on trouvât les moyens de prévenir l'infection qu'entraîne le rouiſſage, & qui occaſionne ſouvent les plus grands maux, quoique le droit public de France ſe ſoit toujours occupé de les prévenir. En conſéquence elle a propoſé un prix ſur ces queſtions :

1°. *Quelle eſt la vraie théorie du rouiſſage du chanvre?*

2°. *Quels ſont les meilleurs moyens d'en perfectionner la pratique, ſoit que cette opération ſe faſſe dans l'eau ou en plein air?*

3°. *Quels ſont les cas où l'une de ces opérations eſt préférable à l'autre?*

4°. *Y auroit-il quelque maniere de prévenir l'odeur déſagréable & les effets nuiſibles du rouiſſage du chanvre?*

Indépendamment de ſix mémoires qui ont été admis au concours, la ſociété a reçu des obſervations familieres très-inſtructives de M. le chevalier de Perthuis notre aſſocié, & de M. Marcandier de la ſociété phyſique d'Orléans ; un relevé d'expériences ſur le rouiſſage & ſur la force des chanvres, par M. Demange, maître cordier à Obenheim près de Binfeld. Parmi les mémoires qui ont concouru, le N°. *6*, ayant pour deviſe ce paſſage de Home, dans ſon traité du blanchiment des toiles : *L'agriculture ne deviendra jamais un art régulier, qu'il ne s'éleve un cultivateur inſtruit de la Chymie*, a non ſeulement donné la ſolution de toutes les queſtions contenues dans le programme de la ſociété, mais il peut être conſidéré comme un traité complet de tout ce qui concerne le chanvre ;

l'auteur a pensé que pour donner un résultat avantageux du rouissage, quelque méthode qu'on employât, il falloit d'abord que le chanvre fut de bonne qualité, ce qui l'engage à traiter des terres, labours, engrais, semailles, qualités de semences, du temps de les employer, des cultures, des attentions qu'il faut avoir pendant l'accroissement des signes de maturité, de la récolte ainsi que de la maniere d'amender les terres qui paroissent moins favorables, du parti que l'on en peut tirer & de la maniere de semer, cultiver & recueillir selon l'espece d'ouvrages auxquels on destine les différentes qualités de chanvre. Il décrit ensuite physiquement & botaniquement le chanvre & son écorce ; il traite avec beaucoup de connoissances chymiques la théorie du rouissage ; il donne sur cet objet des idées neuves ; il présente le résultat de ce qu'éprouve le chanvre par les différentes manieres de le rouir ; il indique les procédés qu'on peut employer pour rouir le chanvre le plus parfaitement & le plus économiquement ; il traite de l'ordre à mettre dans l'assortiment des plantes, des signes du rouissage complet ; l'auteur a voulu donner plus de perfection à son ouvrage, en proposant des améliorations qui semblent au premier abord s'éloigner des vues économiques : mais ces améliorations ne devant être employées qu'à des filasses destinées aux ouvrages précieux, l'observateur apperçoit bientôt leur utilité, parce qu'il vaut mieux (ainsi qu'on le pratique pour la soie) faire supporter les premiers préparatifs & les déchets à la matiere premiere, que de fatiguer les fils & les toiles qui en doivent être fabriquées.

Enfin, l'auteur emploie toutes nos connoiſſances acquiſes ſur la nature de l'infection & de la contagion, & toutes les reſſources de la phyſique pour s'y oppoſer.

Parmi les différens moyens qu'il préſente, je me contenterai d'en rapporter un qui m'a paru neuf & facile. C'eſt d'enfouir avec les précautions qu'il indique, les bottes de chanvre à rouir dans des foſſes, en mouillant la terre qui les recouvre, ſi elle eſt trop ſeche; ces plantes recouvertes ſubiſſent une macération juſqu'au temps où ſurviennent les ſignes du rouiſſage complet, ce qui arrive trois ſemaines après; l'auteur aſſure que cette macération ſe fait ſans cauſer aucune mauvaiſe odeur.

La ſociété a fait une expérience de ce procédé, qui ne l'a pas pleinement convaincue que le rouiſſage ſe fît parfaitement en ſuivant cette méthode; mais ce qu'elle peut aſſurer, d'après le rapport de ſes commiſſaires, c'eſt que lors de l'ouverture des foſſes, & de l'extraction des chanvres qui y avoient fermenté & roui, il ne s'eſt pas élevé la moindre odeur méphitique; la ſociété ne s'en tiendra pas à ce premier eſſai, & elle ne ſauroit trop engager ceux qui rouiſſent du chanvre, à en conſacrer quelques faiſceaux pour faire, en ſuivant la méthode de l'auteur, l'épreuve d'un procédé auſſi favorable à la ſalubrité de l'air, qu'à la pureté des eaux.

La ſociété a décerné le prix à ce mémoire, & en décachetant le billet qui l'accompagnoit, elle n'a point été étonnée d'y trouver le nom de M. l'abbé

Rozier, notre compatriote & notre associé, connu par de très-bons ouvrages sur l'agriculture : nous nous félicitons de ce qu'après avoir parcouru en observateur éclairé beaucoup de provinces, il vient fixer sa résidence dans nos murs; nous espérons qu'il assistera souvent à nos assemblées : il y trouvera des confreres qui, en le chérissant, admireront ses talens, & seront très-empressés de profiter de ses connoissances.

L'accessit a été décerné au N°. 3, ayant pour devise ce passage de Glober : *Cognitu nécessarium quid est illud sit, quod sub manibus habetur, quo totius illud tractare liceat.* Ce mémoire est de M. Prozet, maître en pharmacie à Orléans, membre de la société royale de physique, d'histoire naturelle & des arts de la même ville.

La société n'a pu refuser des éloges bien mérités au N°. 1. Elle regrette de n'en pas connoître l'auteur; ce mémoire avoit pour divise ces mots des Georgiques de Virgile : *Ut varias usus meditando extenderet artes.*

Je me reprocherois d'avoir donné une si courte analyse du mémoire couronné, & de n'en point donner des autres mémoires dont j'ai eu l'honneur de vous parler, si la société animée du desir de rendre ses découvertes utiles au public, ne s'étoit decidée à faire imprimer le mémoire couronné, celui à qui elle a accordé l'accessit, l'instruction familiere envoyée par M. de Perthuis, & un extrait des expériences, observations & vues utiles contenues dans les autres mémoires & qui ne se trouvent pas dans ceux qu'elle fait imprimer en entier.

M. GILIBERT, qui avoit quitté pendant plusieurs années sa patrie, pour aller habiter la Lithuanie, veut la dédommager de son absence, en l'enrichissant des connoissances qu'une étude assidue de la botanique & des productions de la nature lui ont acquises ; il nous a promis l'histoire des opérations agronomiques de la Lithuanie, dans l'espérance que la comparaison des productions de la nature sous le 56e. degré, avec celles des régions temperées, peut jeter quelques lumieres sur la culture de nos climats. Il a commencé par un mémoire sur les forêts du Nord.

Les forêts occupent plus d'un tiers de la Lithuanie ; plusieurs n'ont jamais été parfaitement connues : l'auteur fit ouvrir en 1776 dans toute sa longueur la grande forêt royale ; il y trouva grand nombre de plantes qui n'avoient été déterminées que sur les Alpes & dans la Siberie ; les pins, les sapins & les trembles peuplent en général ces vastes régions. On y trouve cependant les arbres d'Europe, le chêne, le fresne, l'orme &c. Mais ces grands végétaux n'y acquierent jamais l'accroissement auquel ils parviennent en Allemagne, & ne peuvent pas fournir des mâtures à l'industrie audacieuse de la marine, ce que notre voyageur attribue à la nature du sol.

C'est dans ces immenses & éternelles forêts que la nature étale toute sa magnificence ; la fraîcheur qui y regne répand le calme dans l'ame de l'observateur ; les animaux qui les habitent offrent sans cesse un spectacle interessant pour sa curiosité ; le bizon, le lynx, l'ours noir, le fauve & le blanc, le sanglier animent ces ſombres retraites ; ſi la forêt eſt coupée par une riviere, de nombreuſes familles de caſtors donnent l'exemple de l'union & de la concorde dans les entrepriſes utiles ; elles montrent à l'homme que le bien de la communauté doit être l'ouvrage de tous les individus ; rien ne ſe nuit, les victimes de la mort n'infectent point les êtres vivants ; la nature prépare leur deſtruction ; la carie, le travail des inſectes, les gelées ou annoncent ou accélerent la décrépitude des arbres. Dans leur foibleſſe un coup de vent les abat ; la chûte des feuilles couvre ces cadavres des bois ; les plantes paraſites, les inſectes & ſurtout les abeilles les détruiſent en peu de temps, & les convertiſſent en terre végétale.

Mais quelle peut être l'utilité de ces forêts immenſes & impenétrables, de cette foule de plantes & d'animaux qu'elles renferment ?

O homme ! ſois inſtruit pour n'être pas ingrat : vois ces maſſes végétales établir des courans d'air ſalutaires & éloigner les épidémies des habitations qui les avoiſinent ; vois ſous un ciel privé des rayons directs du ſoleil, un moyen toujours à ta portée de conſerver la chaleur & la vie ; vois les bêtes-fauves de ce climat, la loutre, le renard, le loup, le lynx, le caſtor, t'offrir dans leurs dépouilles, des fourures bien plus ſolides & bien plus impénétrables au froid que celles des pays tempérés ; vois des eſſaims innombrables d'abeilles te préparer dans de vieux troncs la cire néceſſaire pour remplacer la lumiere du jour & prolonger tes jouiſſances ; vois les habitans limitrophes de ces antiques forêts y cueillir ſans meſure les fruits du mirtille, du framboiſier, de l'épine vinette, & en faire une boiſſon qui eſt un vrai ſpécifique pour diviſer un ſang épaiſſi par le froid & calmer les fiévres ardentes qui ſont la ſuite de cette denſité ; vois ta table couverte de la chair délicate du jaſeur de bohême, du coq de bruyeres, du chevreuil, de l'élan ; vois les terres hériſſées d'épics, & apprend que ce ſol dont tu tires ta nourriture journaliere, a été une vaſte forêt, que les débris de ces auguſtes maſſes forment dans tous les climats cette précieuſe terre végétale, la ſeule propre à produire d'abondantes moiſſons ; vois, jouis, & que ta reconnoiſſance réponde à tant de bienfaits !

M. MATHON DE LA COUR a depuis long-temps tourné principalement ſes vues ſur le prix des denrées & les premieres conſommations néceſſaires à la ſubſiſtance du peuple. Il nous a lu un mémoire ſur la néceſſité de publier à Lyon, par la voie des petites affiches, comme on le fait dans toutes les autres villes du royaume, le prix des grains à chaque marché. Il a préſenté, à l'appui de cette opinion, les petites affiches des villes de Paris, Dijon, Metz, Poitiers, Amiens, Montpellier, Moulins, Nantes, Beſançon, la Rochelle, Grenoble, Lille, Sens, Meaux, Orléans & Nîmes. Dans toutes ces feuilles on publie le prix des grains chaque ſemaine : notre ville eſt la ſeule où une attention ſi importante eſt négligée ; cependant l'ordre public, le bien général, l'intérêt des propriétaires de biens fonds & ceux du peuple, ſemblent ſe réunir pour réclamer cette publication que plusieurs de nos citoyens ont paru desirer. Il pourroit en résulter une plus grande exactitude de la feuille appellée, à Lyon, *Carcabeau*, où sont inscrits les prix des grains, parce que cette feuille seroit surveillée par tous ceux qui y ont intérêt, c'est-à-dire, par tout le public.

Qnand le prix du bled augmente, tous ceux qui en ont dans leurs greniers, avertis par l'impression que ce moment est favorable pour la vente, s'empresseroient d'envoyer le leur au marché, & l'abondance seroit rétablie aussi-tôt.

Quand ce prix baisse considérablement, tous les particuliers qui ont des provisions de bled à faire pour leur propre consommation, saisiroient ce moment pour en acheter; il résulteroit de cela plusieurs avantages. Ces approvisionnemens particuliers rétabliroient l'équilibre, assureroient l'abondance, empêcheroient les monopoles, & répandroient de l'argent dans les marchés, & de là dans les campagnes.

Cet article mérite la plus gnande considération. Beaucoup de propriétaires, faute d'être instruits des momens les plus favorables pour les provisions de bled, n'achetent qu'à mesure de besoin, tandis que l'argent qu'ils pourroient employer à faire leurs achats au moment où le prix est le plus bas, feroit écouler les denrées & ranimeroit la circulation du commerce. Rien n'assure l'abondance comme ces entrepôts particuliers: on ne sauroit trop les favoriser.

Ces différens motifs, joints à ceux que M. Mathon a développés dans le cours de son mémoire, ont engagé

engagé la société à y donner son adhésion par une délibération formelle.

M. Mathon de la Cour nous a lu encore des observations sur une dissertation imprimée par ordre du parlement de Dijon, concernant les essais qui servent ordinairement à fixer les tarifs du prix du pain. Les auteurs de cette dissertation observent, d'après M. Malouin, la difficulté de se garantir d'une manipulation frauduleuse, dans des expériences où l'on ne peut se passer de personnes intéressées à les mal faire. Employer moins d'eau, l'employer trop chaude, travailler foiblement la pâte pour y introduire moins d'air, employer le levain très-vieux, ne pas éviter la perte de la farine lorsqu'on pétrit, en augmenter au contraire la dissipation en partageant la pâte & en saupoudrant le pain en couche, mettre le poids fort à chaque pain, chauffer longuement & fortement le four, y laisser séjourner le pain trop long-temps, sont autant de ressources que l'artifice peut employer dans les essais publics, pour en diminuer le produit.

La mouture du grain demande autant de vigilance que la fabrication du pain; il est un art de tirer plus ou moins de farine de la même quantité du même bled. On auroit peine à croire M. Malouin, quand il assure que la différence de produit qui en résulte est quelquefois de moitié, si l'expérience ne confirmoit son assertion.

Ce mémoire contient des détails on ne peut pas plus intéressans, que le temps ne nous permet pas de développer; nous nous contenterons d'en donner le résultat.

1°. Le froment donne en beau & bon pain, un poids au moins égal à celui du grain.

2°. Le pain refroidi ne perd environ qu'un pour cent de son poids.

3°. Les farines employées fraîchement moulues ou gardées quelque temps, n'apportent point une différence sensible dans la quantité de pain qu'on en peut tirer.

4°. Bien des villes surpayent cette nourriture de premiere nécessité, par le défaut de connoissance de la proportion qui doit être entre le prix du bled & celui du pain.

M. Mathon de la Cour nous a lu aussi un mémoire sur la nécessité & les moyens d'établir à Lyon une école royale de Boulangerie.

Donner une nourriture plus saine au peuple, la lui donner à meilleur marché, augmenter sans peine les approvisionnemens de bled, faire cesser les plaintes des boulangers & ne jamais tarifer le pain au dessus de sa valeur, assurer par là aux peuples de notre ville un soulagement que l'auteur croit pouvoir estimer à un million par année : tels sont les effets avantageux qu'il nous annonce devoir résulter de l'établissement d'une école de boulangerie à Lyon. La capitale & plusieurs villes de province nous en ont déjà donné l'exemple ; leurs succès nous détermineront sans doute à les imiter.

Le Directeur a donné un état des consommations de cette ville pendant l'année 1785, objet toujours intéressant pour l'économie politique, la connoissance de la population, des progrès ou de la diminution de l'aisance & du luxe.

En 1785 il est resté en consommation dans la ville,

137	mille	889	ânées de froment.
13	mille	381	ânées de farine.
7	mille	797	ânées de seigle.
13	mille	914	ânées de différens grains.
7 millions 442	mille	861	livres de pain apporté par les boulangers forains.
238	mille	234	ânées de vin.
11	mille	618	bœufs.
1	mille	719	vaches.
10	mille	432	porcs.
25	mille	534	veaux.
128	mille	359	moutons.
11	mille	411	chevreaux.
19	mille	841	moules de bois.
21	mille	323	cents de fagots.
148	mille	500	voies de charbon.
436	mille	114	bennes de charbon de terre.
68	mille	50	quintaux de foin.
9	mille	662	quintaux de paille.

On a observé que dans cette année il est entré en foin 33 mille 650 quintaux de moins qu'en l'année 1784. Cette diminution n'est due qu'à la rareté & à la cherté du foin occasionnées par les neiges considérables & presque continuelles de l'hiver, auxquelles succéda la sécheresse la plus nuisible aux prairies : je ne craindrai point d'avancer que le fourrage auroit été encore plus rare & d'un plus haut prix, si, en 1761, MM.

de Juis & de Leusse, citoyens zélés, agriculteurs intelligens, n'avoient établi, l'un en Bresse, l'autre en Dauphiné, l'usage de semer des trefles sur les bleds; ce n'est qu'après plusieurs expériences qu'ils parvinrent à une méthode sûre : ils firent d'abord des fautes; mais, en faisant mal, ils apprirent à faire bien. Les ignorans oisifs plaisanterent de leurs premiers essais; les succès les firent taire, mais ne leur apprirent pas à admirer.

M. DUVERNAY, bien convaincu que l'expérience dans tous les arts, & principalement en agriculture, est le fondement le plus sûr de la théorie, & que ce n'est qu'avec de bons engrais qu'on améliore les terres, s'est occupé pendant long-temps de cette partie intéressante de l'agriculture. Il nous avoit communiqué, il y a deux ans, des expériences sur l'engrais tiré des fosses d'aisance, employé sur les bleds & sur les légumes. Il s'est attaché à compléter ses observations, & nous a lu, l'année derniere, un mémoire contenant le résultat de ses nouveaux essais sur le chanvre, la vigne & les prairies. Pour rendre ses expériences plus concluantes, il en a fait de comparatives : il a fait fumer une partie d'un même champ, avec un mélange égal de fumier de litiere, de colombine & de rognures de cornes, & l'autre partie avec de l'engrais des fosses; ce dernier engrais lui a fourni, pendant deux ans, des preuves multipliées de sa puissance fécondante. Employé sur le chanvre, il a, malgré une sécheresse nuisible., produit des plantes de six pieds de hauteur, dont la filasse a été douce, soyeuse, forte, & a donné peu de déchet au peignage ; tandis que la partie du même champ, dans laquelle on avoit employé les autres fumiers, n'a donné que des brins de deux pieds & demi, dont la filaſſe a été rare, ſeche & caſſante.

Cet engrais ayant été employé ſur la vigne, ſix journées ont donné un réſultat avantageux, ſoit pour la quantité de vin, ſoit pour la force des ſarmens, & ont produit par journée une ânée de vin de plus que ſix journées amendées ſelon l'uſage ordinaire.

Employé ſur le pré, cet engrais a donné treize à quatorze quintaux de fourrage par bicherée, tandis que l'engrais ordinaire n'en a donné que dix. M. Duvernay obſerve que ce n'eſt jamais l'eſpece de fumier qui altere la qualité du foin, juſqu'à être refuſé par le bétail, mais la trop grande quantité qu'on en répand dans les prairies. Il préſume, d'après un léger eſſai, que la matiere des foſſes alkaliſée avec de l'eau de chaux, pourroit encore donner un réſultat plus avantageux. Je ne conſeillerois cependant pas à ceux qui font des vins fins de ſe ſervir de cet engrais, à moins qu'ils n'en euſſent fait une expérience de plu-ſieurs années ; je craindrois qu'il n'altérât la qualité de leurs vins.

M. LANOIX nous a donné un mémoire ſur l'analogie du regne végétal avec le regne animal. Cet ouvrage ſuppoſe autant de connoiſſances en botanique qu'en anatomie & en chymie. Dans les deux regnes M. Lanoix remarque les mêmes principes, le même méchaniſme, la même production, les mêmes pores abſorbans, les mêmes ſecrétions. Les nerfs répondent aux fibres ligneux, les veines aux trachées, le ſang à la ſeve. La terre élémentaire ſert de baſe aux végétaux, ainſi qu'aux animaux ; les principes aqueux, ſalins & huileux, conſtituent leur ſubſtance ; les individus des deux regnes, étant privés de la vie, paſſent à la fermentation putride, perdent leur organiſation & fourniſſent également de l'alkali volatil, produit de toute putréfaction. Cette fermentation devient le principal agent de la germination des plantes ; en dégageant les élémens qui composent les corps, elle les rend à l'athmoſphere dans lequel l'homme & la plante reſpirent également, & c'eſt par cette circulation perpétuelle, que la naiſſance des nouveaux individus répare la perte de ceux qui les ont précédés.

M. l'Abbé de Vitry, votre ſecretaire perpétuel, qui recueille avec le plus grand ſoin tout ce qui peut intéreſſer l'agriculture, a remis à la Société des graines de la racine de diſette que lui avoit données M. de St. Eloy, avec une brochure de M. l'Abbé de Commerel, ſur la culture & l'uſage de cette plante.

La racine de diſette eſt une eſpece de bette-rave connue en Lorraine & en Allemagne ; il ſeroit bien à deſirer qu'elle pût réuſſir dans nos provinces. La graine ſe ſeme au commencement de mars ; au bout d'une quinzaine de jours, & lorſque la racine a 5 à 6 pouces de longueur, on la leve & on la replante à l'eſpace de 18 pouces ; elle reprend en 24 heures (*). Cette plante demande une

(*) Pendant l'impreſſion de ce compte rendu, les petites affiches de Metz, du 5 avril 1787, viennent de publier une

bonne terre, profondément défoncée & bien ameublie; alors les racines, dans leur maturité, pesent jusqu'à douze livres; on coupe, ou plutôt on casse les grandes feuilles pour les faire manger au bétail qui en est avide, mais on a soin de laisser toujours les feuilles récentes qui sortent du cœur ou centre de la racine; cette récolte se renouvelle cinq à six fois & jusqu'au mois de novembre.

Vers le milieu de ce mois, on arrache les racines & & on les serre ou on les enterre, pour les préserver des

---

nouvelle instruction de M. l'abbé de Commerel, lue à la séance publique de la société royale des sciences & arts de Metz, du 29 mars dernier, & nous croyons devoir l'ajouter ici en note.

Culture simplifiée de la racine de disette.

Dans les mois de mars & d'avril, le terrein destiné à cette racine, étant bien préparé, fumé & rendu meuble, comme il doit l'être pour la plantation, il faut choisir les plus belles graines de disette, les plus grosses, les tremper dans l'eau ordinaire pendant 24 heures, & les faire ensuite ressuyer un moment pour pouvoir les manier. L'on tend le cordeau sur le terrein, comme si l'on vouloit y planter les racines & à la distance de 18 pouces en tout sens; l'on fait un petit trou en terre, avec le doigt, d'un pouce de profondeur, dans lequel on met *une seule graine* que l'on recouvre aussi-tôt. Au bout de 10 à 12 jours, elle leve; & l'on remarquera que chaque graine contient le germe de 4, 5 ou 6 racines de disette, dont les tiges sortent de terre à la fois. Dès que ces petites racines montrent leur quatrieme feuille, il faut arracher avec précaution les plus foibles, & ne laisser en place que la plus belle & la plus vigoureuse. Dans peu de jours on sera étonné de leur accroissement; pas une ne manquera: ainsi, par cette maniere simple & facile, l'on épargne les peines de la trans-

mauvais effets de la gelée. Coupées en petits morceaux & mêlées avec du foin ou de la paille, elles sont une excellente nourriture pour les chevaux, les bêtes à cornes & les brebis ; elles sont même pour l'agriculteur un mets agréable & sain. La feuille, au printemps & pendant l'été, peut remplacer l'épinard, & la côte vaut peut-être mieux que la carde poirée.

La société desirant naturaliser cette plante dans nos provinces, a invité plusieurs de ses membres à en semer des graines. M. Rieussec, notre confrere, a

---

plantation, l'on jouit des feuilles 4 à 5 semaines plutôt ; les racines deviennent plus belles, plus grosses, elles pivotent mieux, &, dans une terre meuble, il y a une culture de moins à leur donner.

Comme il est de leur nature de sortir & de s'élancer hors de terre, l'on observera celles qui ne se montrent pas assez, & on leur donnera de l'air en ôtant la terre autour du collet, ainsi qu'il est indiqué dans l'instruction, § 3e.

Le reste de la graine sera semé à la volée, pour en transplanter ensuite les racines où l'on jugera à propos. Ces plantes peuvent aussi rester en place ; mais alors il faut les éclaircir & leur donner une culture de très-bonne heure, en leur laissant la distance convenable, ce qui devient très-pénible ; l'on remarquera facilement que ces racines ainsi semées, ne viennent jamais aussi grosses que celles dont on a piqué la graine : cette différence est prouvée par l'expérience.

J'ai invité, au printemps de l'année derniere, différens cultivateurs éclairés, d'essayer en même temps que moi cette nouvelle maniere de planter la graine de disette : ils m'ont fait part de leurs résultats, qui sont conformes aux miens ; ils adoptent absolument cette culture comme la plus simple & la plus avantageuse, & desirent, ainsi que moi, que le public veuille en profiter.

apporté à la ſociété le produit de ce ſemis, qui nous a paru répondre à l'annonce de M. l'Abbé de Commerel. J'obſerverai cependant que ces graines avoient été ſemées fort tard : la ſociété s'eſt propoſé d'en faire venir ; par ce moyen nous ſerons à portée d'en procurer à ceux de nos concitoyens qui voudront en faire l'eſſai.

M. de la Tourrette a remis à la ſociété des graines de pommes de terre que M. Parmentier lui avoit envoyées. M. le Maréchal de Caſtries, quoique occupé des plus grands intérêts de la France, n'oublie pas l'agriculture dont les moindres détails ſont toujours intéreſſants pour l'homme d'état. Sur les repréſentations qui lui ont été faites de l'abâtardiſſement où les pommes de terre pouvoient à la longue tomber dans nos contrées, il a donné des ordres pour faire venir de la graine du pays même d'où cette plante eſt originaire : on en a apporté de pluſieurs qualités & de pluſieurs parties de l'Amérique. Les graines qui ont été remiſes à la ſociété, ſont de quatre eſpeces : de celle de l'iſle longue & de la nouvelle Angletterre mêlangées, de celle des pommes longues dites ſouris, de celle des pommes blanches hatives, & enfin de pluſieurs eſpeces mêlangées. La ſociété s'eſt empreſſée de donner ces graines à pluſieurs de ſes membres pour les faire ſemer.

MM. Gardel & Mathon ont apporté à la ſociété le produit de quelques graines. La production de ces ſemis a étonné par ſa groſſeur. Quelques-unes des pommes de terre recueillies par M. Gardel, ont paru d'une espece inconnue dans nos provinces. Ces Messieurs ont été priés de conserver avec soin ces fruits pour les semer l'année prochaine, & rendre compte de leur produit & de leur qualité.

M. l'Intendant avoit envoyé à la société le modele d'une machine, par le moyen de laquelle on prétendoit que sans le secours d'animaux deux hommes pourroient dans un temps donné, labourer autant de terrein qu'un attelage de deux bœufs conduit par un homme. M. l'Intendant a demandé l'avis de la société sur cette machine : après un examen refléchi, elle a jugé ce méchanisme simple & ingénieux ; mais sur un modele réduit au quart, elle n'a pas pu calculer l'effet de la machine en grand ; elle desireroit de la voir exécutée dans toutes ses proportions, quoiqu'elle n'espere pas remplacer par ce méchanisme les forces des animaux dans le labourage, mais elle a lieu de croire qu'il pourroit être de quelque utilité pour le transport des terres, même dans les sols montueux.

Je ne craindrai point d'ajouter qu'il n'est peut-être pas utile pour le bien de l'agriculture que nous apprenions à nous passer du secours de nos animaux domestiques : sans eux nous serions bientôt privés d'engrais.

M. CHANCEY, l'un des correspondans de la société royale d'agriculture de Paris, nous a envoyé plusieurs observations que la société s'empresse de communiquer au public, en invitant M. Chancey à continuer des travaux aussi intéressans.

M. de la Tourrette nous a remis de sa part; 1°. une petite topette d'huile de sanguin ou cornoille femelle; cet arbrisseau est fort commun sur les montagnes, & d'après le procédé de M. Chancey ses baies ou petits fruits très-abondans pourroient offrir un nouveau secours aux arts & une ressource aux laboureurs.

2°. Un travail sur la récolte du colsat, sur l'huile qu'on peut retirer de cette plante & sur le produit d'un champ qui en a été ensemencé; il paroît par les expériences de cet agriculteur, 1°. qu'un bichet de graines de colsat pese 50 livres. 2°. Que ces 50 livres de graines en produisent 18 d'huile, c'est-à-dire, plus du tiers de leur poids. 3°. Que le produit net d'une bicherée lyonnoise semée en colsat, seroit en argent de 76 livres. Ces expériences demanderoient peut-être d'être répétées, & le résultat d'être scrupuleusement vérifié.

3°. M. de la Tourrette nous a fait part d'un moyen dont M. Chancey, reuni à plusieurs citoyens bienfaisans, s'est servi pour soulager les pauvres de la paroisse de St. Didier-au-Mont-d'or. Ils ont fait cultiver à frais communs un champ pour y semer des pommes de terre, dont la récolte a été distribuée aux pauvres. L'un a fourni l'engrais, l'autre s'est chargé du semis & du sarclage, le curé a payé le défoncement du sol; le produit de ce champ a été très-abondant & a contribué à nourrir plus de cinquante familles indigentes.

J'obſerverai qu'il ſeroit peut-être convenable que ce fuſſent, autant qu'il ſeroit poſſible, les familles mêmes pour qui ſont deſtinés ces ſecours, qui travaillaſſent le champ qui doit les aider à ſubſiſter. En général on ne devroit aider les pauvres des campagnes, qu'en les aſſujettiſſant au travail, bien entendu que des infirmités n'y mettroient point d'obſtacle. Que d'idées de bienfaiſance peut faire naître celle qu'a eue M. Chancey !

Notre bibliotheque a été enrichie de pluſieurs mémoires & ouvrages intéreſſans.

M. l'Abbé Paulian, notre aſſocié, réſidant à Nîmes, nous a envoyé un mémoire ſur les brouillards conſidérés en général, & particuliérement ſur ceux du mois de juin & de juillet 1783.

M. Rolland de la Platiere, a fait hommage à la ſociété de trois de ſes ouvrages.

Le premier eſt l'art du Tourbier.

Le ſecond, un mémoire ſur l'éducation des troupeaux.

Le troiſieme, ſon voyage intéreſſant de Suiſſe, de Sicile & de Malte.

M. de la Tourrette nous a donné l'ouvrage abrégé, mais précieux pour les botaniſtes, ayant pour titre: *Chloris Lugdunenſis*.

M. Mathon a offert à la ſociété, de la part des rédacteurs du journal de Lyon, la ſuite des feuilles de cet ouvrage périodique qui ont paru en 1784 & 1785.

La ſociété a reçu de M. Janin de Combe-Blanche, le recueil de tous les ouvrages polémiques qu'il a publiés ſur l'antiméphitique.

M. Brouſſonnet, ſecretaire de la ſociété royale d'agriculture de Paris, nous a envoyé le premier recueil ou trimeſtre des obſervations de ſa compagnie.

M. Biſſati, ſecretaire perpétuel de la ſociété agraire de Turin, nous a fait parvenir un mémoire en Italien, & il nous a témoigné de la part de la ſociété nouvellement établie, & compoſée des perſonnes les plus diſtinguées dans le miniſtere, dans la nobleſſe & dans la ſcience économique, le plus vif deſir d'avoir avec nous une correſpondance ſuivie.

M. Amoreux fils, notre aſſocié, médecin à Montpellier, nous a envoyé un mémoire ſur la culture de l'Olivier.

La ſociété a reçu de M. Bouthier, avocat à Vienne, un recueil *d'Opuſcules philoſophiques* dont pluſieurs ont rapport à l'agriculture.

Enfin M. D'Ambournay, négociant, a donné à la ſociété un ouvrage très-intéreſſant ; c'eſt un recueil de procédés & d'expériences ſur les teintures ſolides que nos végétaux indigenes communiquent aux laines & au lainage. Cet ouvrage eſt dédié à M. le contrôleur général des finances, & imprimé par ordre du Gouvernement.

La ſéance ſera remplie, &c.

Après ce Compte-rendu, M. l'abbé DE *Vitry*, *ſecretaire perpétuel de la ſociété, a lu le programme ſuivant des prix qu'elle doit décerner en 1788.*

LA ſociété n'a pas jugé que les cheminées & les poëles qui lui ont été envoyés pour la ſolution du problême-pratique qu'elle avoit propoſé en 1785, aient répondu à ſes vues économiques. Des inventions qu'elle a reçues pour le concours, les unes n'ont produit qu'un effet très-foible, les autres n'en ont produit aucun; preſque toutes ſont très-diſpendieuſes, & au-deſſus des facultés de la majeure partie des citoyens: pluſieurs ſont ſi compliquées, qu'elles exigent beaucoup d'intelligence dans les ouvriers pour l'exécution.

En conſéquence, elle propoſe de nouveau, & pour la derniere fois, la même queſtion:

Trouver le moyen d'augmenter d'environ un tiers, au thermometre de Réaumur, la chaleur d'un appartement, produite par une cheminée ou par un poële, en ne conſommant que la même quantité de bois.

La ſociété deſire de la ſimplicité dans le plan, & que ſon exécution ſoit à la portée de toutes les claſſes de citoyens.

Elle exige, comme une condition expreſſe, que les découvertes ſoient exécutées ſous ſes yeux. Les étrangers qui voudroient concourir, prendront la précaution de charger quelqu'un à Lyon de l'établiſſement de leurs projets. L'exécution doit en être achevée avant le premier janvier 1788, pour donner le temps de faire les expériences durant les deux premiers mois de l'année prochaine.

Le prix, par le zele généreux d'un des membres de la ſociété, ſera double, & de 600 liv.

La ſociété ne trouve point les œnologiſtes d'accord ſur la néceſſité de ſoutirer les vins, c'eſt-à-dire, de les ſéparer de leurs lies. Les uns regardent celles-ci comme un ſédiment étranger & nuiſible aux vins, lors du renouvellement de la fermentation dans le tonneau, au printemps, & ſur-tout durant la chaleur de l'été. Les autres, au contraire, ſoutiennent que la lie nourrit le vin, le conſerve, & l'empêche de pouſſer ou de tourner.

La contrariété de ces opinions naît, ſans doute, de quelques points de faits particuliers & locaux, de l'eſpece de raiſins cultivée, du terrain où on cultive la vigne, &c.

Pour fixer les idées & la pratique ſur un objet ſi eſſentiel, la ſociété propoſe pour ſujet d'un prix à décerner en 1788, les deux queſtions ſuivantes :

1°. *Eſt-il avantageux ou non de ſoutirer les vins?*

2°. *Dans le cas de l'affirmative, quand & comment doit-on les ſoutirer, pour ne pas nuire à leurs principes & à leurs qualités?*

La Société deſire que les Auteurs qui enverront des mémoires au concours, faſſent, autant qu'il leur ſera poſſible, l'application de leur théorie & de leurs expériences aux vins du Lyonnois, Forez & Beaujolois. Cette généralité produit toutes les nuances de vins: les vins les plus délicats, les plus fins, les plus ſpiritueux, comme les plus communs & les plus chargés en couleur.

Elle n'admettra au concours que les mémoires qui lui ſeront envoyés avant le premier mai 1788. Ce terme eſt de rigueur. Les autres conditions ſuivant l'uſage.

Ils ſeront adreſſés, francs de port, à M. l'Abbé DE VITRY, *Secretaire perpétuel de la ſociété royale d'Agriculture, rue St. Dominique, à Lyon, ou envoyés ſous l'enveloppe de M.* TERRAY, *Intendant de la même ville.*

MÉMOIRE

MÉMOIRE

SUR LA CULTURE DE FRANCE,

COMPARÉE A CELLE D'ANGLETERRE,

Par M. ROLLAND DE LA PLATIERE, *Inſpecteur général des Manufactures & du Commerce, de pluſieurs Académies, &c.*

. . . . Pater ipſe colendi
Hand facilem eſſe viam voluit, priuſque per artem,
Movit agros, curis acuens mortalia corda
Nec torpere gravi paſſus ſua regna veterno. *

QUEL que ſoit l'empire des paſſions ſur l'homme ſocial, modifié par tant de relations, expoſé à des viciſſitudes ſi fréquentes, & placé dans des ſituations ſi diverſes, un attrait plus puiſſant encore le rappelle aux travaux qui fourniſſent à ſes premiers beſoins, aux campagnes qui s'embelliſſent par ſes ſoins, & vers leſquelles il tourne ſouvent des regards attendris, du milieu des villes où le retiennent des occupations que les circonſtances lui ont rendu néceſſaires.

---

* Jupiter a voulu que l'agriculture dépendît d'une continuelle attention. Il a inſtitué & ordonné le paiſible labourage, pour bannir de ſon empire la pareſſe & l'oiſiveté. *Georgiques de Virgile, Liv. 1, traduction de l'Abbé Desfontaines.*

La paix, les affections douces, tous les sentimens chers au cœur de l'homme, essentiels à son existence, s'allient avec la vie champêtre. La vertu semble s'y affermir par le spectacle de la nature qu'on a toujours devant les yeux, & il n'est pas jusqu'à l'homme corrompu qui, partageant l'émotion touchante de Virgile, ne s'écrie avec lui :

> O fortunatos nimiùm, sua si bona nôrint
> Agricolas! (*)

Douce nature! ainsi que la vérité, tu pénetres nos cœurs; comme elle, tu subjugues nos ames; loin de nous ces arts séducteurs qui n'en sont que l'imitation; ils flattent nos sens, exhaltent notre imagination, nourrissent notre orgueil : illusion de l'esprit qui commence par nous plaire, & finit par nous égarer! Il faut cependant l'avouer : rarement, parmi nous, le bonheur peut exister chez le cultivateur. Pressé par le besoin, accablé de travail, il n'a de facultés que pour la peine; il traîne avec effort une vie qu'il abandonne sans regret, & sa misere est aussi peu honorable à nos institutions modernes, qu'elle est nuisible au corps politique.

Toujours courbé sous le joug, arrosant la terre de ses sueurs, comment raisonneroit-il ses pratiques? il ne peut guere avoir plus d'idées, qu'il n'a de moyens de les perfectionner.

(*) O trop heureux laboureurs! s'ils connoissoient tous leurs avantages! *Virgile*.

« Jupiter voulut que l'expérience & la réflexion » enfantassent les arts, & que le travail seul fît sortir » le froment de la terre. »

Ut varias usus meditando extunderet artes
Paulatim, & sulcis frumenti quæreret herbam.

Virg. Géorg. L. 1.

Mais l'aisance est nécessaire pour le développement de l'intelligence, & c'est à ce titre même qu'elle l'est doublement au bonheur.

D'autre part, les riches propriétaires, trop long-temps concentrés dans les villes par des charges, des emplois, ou des goûts qui tiennent à nos mœurs, n'ont ni le loisir, ni les connoissances nécessaires pour instruire & guider le cultivateur, pour rectifier ses opérations & améliorer son état.

C'est aux corps savans, dont l'établissement a pour objet d'éclairer les hommes, de fixer les vues de l'administration, & d'animer le zele des particuliers ; c'est à ces corps qu'il appartient, c'est pour eux que c'est un devoir de rechercher tout ce qui peut intéresser le bien public, & l'opérer le plus sûrement.

Tel est, Messieurs, le but de vos travaux. En m'associant à ces travaux, vous avez honoré mon zele ; puisse-t-il, mieux que mes talens, concourir à la fin que vous vous proposez ! je l'ai toujours eue devant les yeux : mon état m'en fait une obligation, indépendamment de celle que nous imposent à tous le titre d'homme & la qualité de citoyen.

Dévoué aux arts, aux manufactures & au commerce, j'ai dû sentir qu'il étoit impossible de favoriser leurs progrès, ſans connoître leurs rapports avec l'agriculture, le premier de tous les arts, & l'aliment des manufactures.

En conſidérant l'état de l'agriculture dans nos provinces & en diverſes parties de l'Europe, j'ai été frappé de ſa proſpérité, je dirois preſque de ſa ſplendeur en Angleterre, cauſe & effet de cette liberté immuable, de cette protection conſtante, de cet eſprit philoſophique qui maintiennent en honneur & en gloire le premier des arts. Occupé de l'éducation des troupeaux, ſur laquelle j'offris un mémoire au public il y a quelques années, je crus appercevoir, dans la culture angloiſe comparée à la nôtre, des différences qui n'étoient point à notre avantage, & qui font naître des réflexions dont on pourroit tirer parti.

Un travail d'un autre genre ne m'a pas permis de rédiger les obſervations que je vous préſente, avec l'étendue dont elles ſeroient ſuſceptibles ; mais je les offre à votre ſagacité, pour les rectifier & en faire l'application que vous jugerez convenable.

Les Anglois ont, à proportion, beaucoup plus de prés que nous n'en avons en France ; en général, ils enſemencent leurs terres toutes les années, & il en eſt peu en friche, parce qu'ils ſavent mettre en valeur des terreins que nous regarderions comme incapables de rien produire. De leur maniere de défricher ces terreins, de cultiver leur ſol ; de leur méthode de faire ou de conſerver beaucoup de prairies, réſultent de nombreux troupeaux, d'excellens engrais, d'abondans fourrages & de bonnes récoltes.

Nous mettons trop de terres en culture; nous les cultivons mal, & c'eſt parce que nous les cultivons mal, que nous n'avons que de foibles récoltes. Le repos, que dans toutes nos provinces on a coutume de laiſſer à la terre, durant des intervalles plus ou moins grands, & dont l'uſage eſt répandu à tel point que l'on déſigne les bons cantons par excellence, en diſant qu'ils ſont enſemencés toutes les années; ce repos n'eſt pas toujours néceſſaire : je crois même qu'il n'eſt jamais indiſpenſable.

L'uſage contraire, obſervé avec ſuccès chez nos voiſins & même parmi nous en quelques circonſtances, me perſuade que tout terrein peut, ſans ſouffrir aucune altération, être ſuffiſamment mis en culture, pour ſe trouver continuellement en rapport. Voyez nos jardins : ſouvent ils n'occupent pas les meilleurs fonds : le haſard ſeul en détermine la place, ou plutôt, elle eſt fixée par le local. Principalement faits pour l'ornement du logis placé lui-même en bon air, en belle vue, les jardins ſont preſque toujours en lieu ſec, dans une terre maigre & aride; & c'eſt là que nous tâchons de mêler l'utile à l'agréable. Cependant les jardins ſont toujours en culture & en rapport, & leurs productions ſont tellement variées, qu'on trouve ſouvent, parmi elles, celles de contrées & de climats très-divers.

Ce n'eſt pas préciſément un repos qu'il faut à la terre; c'eſt de la part de l'agriculteur, comme de celle d'un inſtituteur à l'égard de ſon éleve, un exercice varié de ſes facultés, de maniere que toutes ſoient ſucceſſivement développées, ſans qu'aucune ſoit jamais épuiſée ni même fatiguée. Il faut les ranimer par des engrais, comme Virgile nous en donne le précepte, & changer ſans ceſſe les productions.

Sed tamen alternis facilis labor : arida tantùm
Ne ſaturare fimo pingui, pudeat ſola; neve
Effœtos cinerem immundum jactare per agros :
Sic quoque mutatis requieſcunt fœtibus arva. *

Mais, dit-on, l'engrais nous manque. L'engrais nous manque, parce que nous n'avons pas aſſez de beſtiaux; & nous n'avons pas aſſez de beſtiaux, parce que le fourrage nous manque. On diroit avec bien plus de raiſon, le fourrage nous manque, parce que nous n'avons pas aſſez de beſtiaux. On l'a déja obſervé pluſieurs fois; perſonne n'a encore calculé juſqu'où pourroit être porté le dernier terme de la progreſſion aſcendante de l'une de ces choſes par l'autre. Mettons la moitié moins de terres en cultures : augmentons beaucoup les prés naturels, &, en derniere reſſource, les prés artificiels.

Adaptons le genre des productions à l'expoſition, à la température, à la nature du ſol : renouvellons & varions ſouvent : toujours les terres ſeront en rap-

* Vous pourrez cependant y ſemer alternativement de ces ſortes de grains, ſi vous avez ſoin de l'engraiſſer par le fumier, & de la vivifier par les ſels de la cendre. De cette maniere, votre terre ſe repoſera par la ſeule différence des grains qui y ſeront ſemés. *Virgile, Georgiques, liv. 1, traduction de l'Abbé Desfontaines.*

port, & le cultivateur, plus concentré dans un labeur moins excessif, aura des jouissances rapprochées & continuelles.

Avec plus de prés, nous pourrons multiplier avantageusement les troupeaux, en ayant égard, dans le choix, au genre de ceux auxquels la nature des fourrages peut être le mieux appropriée. Il n'est point, dans le monde, de terrein, si un homme y vit de ses travaux agraires, où ne puissent vivre, avec lui & par ses soins, au moins une vache & trois ou quatre brebis; & par-tout où un homme, une vache quelques brébis ou une chevre trouveront leur subsistance, une famille laborieuse y trouvera la sienne, & bientôt plusieurs familles y trouveront la leur.

Indépendamment du lait, de la laine, des produits naturels des jeunes animaux qui surviennent, & du bénéfice à faire sur l'engrais de toutes les sortes de bestiaux, quand ils ont pris de l'âge, par leur seule existence sur le champ, le cultivateur leur procure la force & la santé qui résultent d'une nourriture toujours saine, & il s'assure à lui-même l'avantage d'un travail qui n'est jamais forcé. Car le terrein destiné à fournir la nourriture de l'animal, quoique le plus *rendant* de tous, n'exige aucune culture dans le temps qu'il est en herbe, de quelque nature que soit cette herbe, & le travail des autres terreins en culture se trouve singuliérement adouci par le secours des animaux de service, sur-tout si l'on en réunit plusieurs, comme cela est toujours possible, par soi ou par le concours d'un voisin.

Ainsi, en abandonnant plus de terreins à la production des fourrages, le cultivateur se procure les moyens de multiplier les bestiaux dont ces fourrages sont l'aliment. Par cette multiplication, il facilite proportionnellement les travaux de la culture, il en augmente les produits en raison de ceux que lui fournissent ses troupeaux, & il assure ses récoltes par l'abondance des engrais.

Ces avantages s'étendront encore par une éducation bien entendue des troupeaux. Un des points essentiels de cette éducation est de fortifier les animaux en les laissant continuellement à l'air libre, &, le plus souvent qu'il est possible, sur les champs qu'ils doivent fumer.

Ne renfermons nos troupeaux dans aucune étable; formons des parcs, des hangards; qu'ils paissent aux champs, qu'ils parquent fréquemment sur l'herbe.

1°. Ces animaux seront plus sains & plus vigoureux; ils se propageront avec plus de facilité, & rendront davantage dans tous les genres de produits qu'ils peuvent offrir. (*) 2°. Les engrais deviendront plus abon-

(*) On a vu, dans les papiers publics, de quels succès sont couronnés les talens & les soins ruraux de M. Bakwel, cultivateur anglois, dans le voisinage de Leicester. Je ne citerai que pour le rappeller, l'excellent ouvrage que vient de publier M. George Culley, fermier à Henton, dans le Northumberland, qui a pour titre : *Observations on live Stock*, &c. *Observations sur les bestiaux, contenant des avis pour choisir & perfectionner les meilleures races des animaux domestiques les plus utiles.*

dans, ils seront le plus souvent portés sur le champ même, précisément dans le temps où leurs qualités sont le plus intenses, où la terre se les appropriera le mieux, & sans qu'ils aient à souffrir aucun déchet. De cette maniere le fumier ne sera ni entassé dans les étables où il cause une chaleur outrée & une odeur pernicieuse, ni dans le voisinage des écuries & des manoirs, où des émanations putrides, toujours rendues plus infectes par les immondices qu'on est dans l'usage d'ajouter aux fumiers, alterent la santé & minent la constitution des hommes & des animaux.

3°. Les frais de bâtimens seront considérablement diminués, puisque, de tous les animaux de service il n'est véritablement que le Cheval à qui l'écurie soit nécessaire. La délicatesse de sa constitution résultant de la domesticité & des travaux auxquels il a plu à l'homme de l'assujettir, ne lui permet pas, malgré son feu & sa vigueur, de passer subitement du chaud au froid sans en éprouver quelque altération. Quant au bœuf, qui semble n'agir que par sa masse, qui ne marche qu'*à pas tardif & lent*, quant aux autres animaux dont la seule existence près de nous est un produit, non seulement ils ne craignent jamais le grand air, mais ils l'aiment toujours, & toujours

Les pommes de terre, les carottes, les panais, &c. sont généralement employés, en Angleterre, pour l'engrais des bestiaux; & les turneps, ou gros navets, y forment leur principale nourriture. Les ressources que procure l'usage de ces végétaux, facilite ainsi la multiplication du bétail.

il leur eſt ſalutaire. Dans les orages, le bœuf, le mouton, la chevre, ont beſoin de ſe mettre à l'abri, & un hangard ſuffit pour cela. Au fort du jour, lorſque le ſoleil darde ſes rayons brulans, ils cherchent l'ombre pour s'y repoſer. En tout autre temps ces animaux ſe plaiſent à errer; & ce n'eſt que pouſſés par une faim extrême, comme je l'ai obſervé en Angleterre, qu'ils ſe déterminent à aller prendre leur nourriture ſous le couvert.

En habituant les animaux à vivre toujours à l'air, on peut ſe diſpenſer encore de ces bâtimens, que vainement nous croyons néceſſaires pour renfermer les fourrages. Il eſt notoire, par l'uſage conſtant de diverſes nations, que cette pratique eſt abſolument inutile. J'ajouterai qu'elle eſt pernicieuſe dans les pays chauds, où les bâtimens ſont couverts en tuiles: le fourrage y perd tellement de ſon odeur & de ſa ſaveur, comparé à celui qui eſt conſervé ſous le chaume, que les animaux le dédaignent ſur l'arriere ſaiſon, tandis qu'ils mangent toujours de ce dernier avec avidité.

Dans les pays mêmes où les hivers ſont beaucoup plus longs que dans le nôtre, & où un plus grand amas de fourrage eſt indiſpenſable, on les tient hors des bâtimens, & l'on a aſſez indiqué la maniere de l'y arranger & de le conſerver ſans aucune altération; dans ces pays mêmes où l'on ne bat pas le bled à l'aire, comme il ſe pratique ici & dans tous les pays méridionaux, on ne renferme que la ſommité des tiges du bled, l'épi ſeulement & très peu de la paille, uniquement ce qu'il en faut pour récolter tout le grain, & le transporter avec facilité. J'ai vu, en Angleterre & en quelques autres endroits, ramasser ces épis dans des sacs & les porter ainsi à la grange. On recoupe ensuite la paille au plus bas, & l'on en fait de meules sur le champ même, où près des bâtimens de la ferme. Voici comment Xenophon (*Econom. L. III. ch. 6*) fait répondre Socrate à la question que lui fait Jschomaque, s'il vaut mieux couper la paille rez terre ou près des épis : « Si la paille n'est pas haute, » coupez-la au pied, pour avoir une plus grande » quantité de fourrage : dans le cas contraire, coupez-» la par la moitié, vous épargnerez de la peine » aux batteurs & aux vanneurs. La paille qui reste » devient, en pourrissant, un excellent fumier. »

Collumelle (*L. II. ch.* 21), & Pline (*L. XVIII. ch.* 30), en parlant de la maniere dont différens peuples de l'antiquité font leurs moissons, en citent plusieurs qui ne coupent que les épis. Je dirai, en passant, que notre usage de battre le bled, soit à l'aire, soit à la grange, avec le fléau, me paroît bien inférieur à celui de la plupart des anciens, qui employoient pour cette opération des bœufs & des chevaux. (*) Varron, Pline & Collumelle parlent aussi de rouleaux de bois ou de pierre armés de fer, mais employés seulement par quelques peuples.

(*) On en use ainsi dans nos provinces méridionales, en Italie, en Sicile, en Espagne, dans le Levant, sur les côtes d'Afrique & ailleurs.

Indépendamment de la fatigue qu'entraîne l'usage du fléau, il exige un temps considérable, qu'on ne peut, sans inconvénient, destiner à cet usage, que dans les pays du nord où les hivers longs & rigoureux ne permettent à l'homme que des travaux sédentaires. Il y a plus, c'est que, par cette méthode, la paille, restée dans son intégrité, n'acquiert ni le brisement ni la sorte de macération qui la rendent une bonne nourriture pour les animaux : brisement & macération que ne peuvent ensuite lui donner nos *broies*, moins encore nos hachoirs. Aussi, peut-on regarder comme pernicieux l'usage de ces derniers, à moins que la paille ne soit broyée après avoir été hachée.

Multiplier les prairies, sans les entretenir avec beaucoup de soin & sans les renouveller fréquemment, seroit agir avec trop peu d'intelligence, pour qu'il en résultât de grands succès. J'insisterai sur cet objet, parce qu'il me paroît d'une grande impottance. Les prés se détériorent en peu de temps, ils vieillissent plus ou moins vîte, suivant les soins qu'on leur a donnés, & selon la nature du terrein.

Les graminées, qui sont le meilleur herbage pour la pâture comme pour le fourrage, c'est-à-dire, pour être mangé verd comme sec, sont de toutes les plantes des prés, celles qui demandent le plus d'être protégées contre les diverses autres plantes qui naissent & croissent naturellement. (*) Si l'on n'est pas sans

(*) Le peuple a été long-temps imbu d'un préjugé singulier qui a pu le séduire d'autant mieux que de prétendus

cesse occupé à faire la guerre aux plantes à larges feuilles, à grosses tiges, soit en les arrachant avant la maturité de leurs graines & dans les temps humides, pour extirper en entier leurs longues racines, soit par des engrais de nature à les détruire, comme il faut en user à l'égard des mousses, soit en faisant des saignées au terrein, en l'élevant comme l'exige la destruction des glaïeuls, des joncs, &c. toutes les graminées seront appauvries, deviendront rares & s'anéantiront insensiblement.

En Angleterre, les métayers suivent leurs prés & les sarclent, comme les jardiniers attentifs sarclent & suivent leurs jardins en France. On n'y attend pas, comme nous le faisons, que l'herbe soit mûre, de maniere que les graines se répandent en fauchant ou en fanant. Le fourrage alors est plus dur, il a perdu une partie de sa saveur ; le petit avantage que le pré retire

savans l'ont accrédité; ces hommes hardis, qui débitent leurs erreurs du ton de la vérité, avoient concouru à persuader que les graminées frumentacées, le bled froment, par exemple, faute de culture, dégénéroient, non pas seulement de force, mais d'espece, & devenoient des graminées communes; comme si les graminées, ainsi que toutes les plantes, ne dépendoient pas d'une espece particuliere, & n'étoient pas assujetties à une génération réguliere. Autant vaudroit assurer, & ce seroit une chose également absurde en histoire naturelle, qu'un chien peut devenir chat à force de dégénérer. Il faut, sur cette matiere, consulter le grand Linnée (4e. vol. des *Amœnitates academicæ*, *differtat. transmutatio frumentorum*). On verra comme il juge de notre savoir, & comment il éclaire les hommes.

des graines qui y retombent, ne compenſe pas l'inconvénient d'altérer la plante qui doit, ſans délai, pouſſer une nouvelle herbe; fonction à laquelle elle eſt d'autant plus propre, que l'herbe précédemment coupée, étoit plus verte & plus fraîche : d'ailleurs, ces graines auroient achevé de mûrir au fenil, & s'y ſeroient toujours retrouvées.

Il réſulte encore un très-grand inconvénient de laiſſer mouiller le fourrage ſur le pré, de quelque nature qu'il ſoit & en quelque circonſtance que ce puiſſe être; on doit même éviter qu'il ſoit frappé de la roſée. Il faut, quand il n'a pu être ſuffiſamment ſéché en un ſeul jour, le mettre en petits monceaux avant le ſoleil couché, pour l'étendre de nouveau le lendemain matin. On peut juger par la couleur pâle que prend le fourrage, & par tout ce qu'il a perdu de ſon odeur, après la pluie ou une forte roſée, combien ſa ſaveur en a été altérée. C'eſt une remarque qu'on n'a peut-être pas aſſez faite, qu'en cet état il n'eſt ni auſſi nourriſſant ni auſſi appétiſſant, & qu'il donne alors ſi peu de ſaveur à la paille avec laquelle on le mêle, que les animaux, à moins d'un très-grand beſoin, s'amuſent à le trier, pour rejetter la paille, ce qui n'arrive point quand la mêlée eſt faite à temps, avec un fourrage qui a conſervé toute la force de ſon odeur & de ſa ſaveur. (*)

(*) La meilleure maniere de faire la mêlée, c'eſt de s'y prendre auſſi-tôt après la coupe du foin & quand on l'étend ſur le pré, afin qu'on puiſſe remuer la paille avec le foin

Quelque grand que ſoit un pré où nous mettons paître les animaux, nous ne réſervons aucune place; nous le leur laiſſons parcourir à volonté, d'où il arrive qu'ils divaguent, cherchant ſans ceſſe l'herbe qu'ils préferent, & laiſſant celle qu'ils aiment le moins. Celles-ci ſe durciſſent & forment les touffes qu'on remarque ſi ſouvent dans nos prés, & qui reſtent en pure perte : l'urine ſeule de certains animaux ſuffit pour dégoûter quelquefois ceux mêmes de leur eſpece, des herbes que ſouvent cette ſorte d'arroſement ne fait croître qu'avec plus de vigueur, tandis que d'autres animaux la mangent de préférence & avec avidité. Cette raiſon détermine les Anglois à faire ſuccéder des animaux de diverſes eſpeces ſur le même pâturage. Mais ce que je dois faire obſerver plus particuliérement ici de leur méthode pour ménager les pâturages & en tirer le meilleur parti, c'eſt qu'ils forment des parcs, dans leurs prés mêmes, & qu'ils en font ainſi paître chaque partie excluſivement durant huit, dix, douze & quinze jours. Pendant cet intervalle, les parties en réſerve ſe regarniſſent, & fourniſſent un pâturage beaucoup plus abondant. On ne ſauroit croire combien cette alternative eſt favorable aux près & à toutes les ſortes d'herbages propres à mettre en pâture. Ces parcs à demeure ou ambulans, fixes ou porta-

en le fanant. L'odeur du foin, alors très-forte & pénétrante, ſe communique parfaitement à la paille, par ce moyen, & la rend agréable aux animaux. L'expérience a pluſieurs fois conſtaté l'excellence de cette méthode.

tifs, ſont formés par des barricades, des claies qui empêchent ſeulement les animaux de ſortir de l'enceinte où on les circonſcrit.

Quand enfin le terrein, mis en pré, s'épuiſe & ne produit plus d'herbe en aſſez grande quantité, la maniere de le traiter rentre dans la regle générale : il faut le rompre, le cultiver, changer la nature du produit pour un temps, & le remettre en pré quelques années après. Nous avons expliqué ailleurs cette méthode d'une maniere aſſez détaillée.

Notre ignorance nous jette dans une grande erreur ſur la formation des prés. Il faut dix ans, dit-on, pour les mettre en plein rapport ; & avec cette opinion, on agit de maniere à la juſtifier. Contre l'intention & le projet de former ſon pré de graminées, on ſeme d'abord ſeules ou avec elles, des plantes qui ne ſont point de leur genre, & qui les étouffent ou doivent en être étouffées ; tel eſt le trefle dont on enſemence tout champ qu'on veut mettre en pré, & qui doit diſparoître à meſure que ce champ ſe garnit d'herbe.

Le trefle eſt un excellent herbage, & forme un très-bon fourrage, mais, ainſi que la luzerne & les autres plantes propres à former du fourrage verd ou ſec, il ne doit être mis qu'en prairie artificielle, & toujours ſeul.

Semez de bon blé, auſſi long-temps que votre champ en produira abondamment ; puis ſubſtituez-y de l'avoine, laiſſez-la bien mûrir la premiere année, avant de la couper ; ſemez ſur le chaume, de la graine

graine de bon foin ; labourez immédiatement après, brisez les mottes ; enterrez les touffes ; applanissez le terrein.

Toutes ces graines, l'avoine même qui se sera égrainée lorsqu'on coupoit ses tiges, pousseront bientôt, & même avant l'hiver, le champ sera couvert de verdure. S'il en est très-garni au printemps, contentez-vous de le couvrir légérement avec la poussiere des rues, des bassecours, ou quelques terreau léger ; s'il n'étoit que peu garni, vous y semerez quelques graines de foin, avant la poussiere, ou mieux encore avec elle, & ce seroit la derniere fois. Incontinent vous ferez passer la herse renversée, ou le rouleau, & vous ne manquerez pas de faucher au mois de juin, en temps de pluie, sans mettre aucune importance à l'herbe, qu'on recueillera cependant, mais pour être mangée en verd. Ensuite, entretenez bien votre pré, & vous en jouirez dès l'année suivante. La culture des champs est comme l'éducation des hommes, souvent plutôt négative que positive ; & nous sommes à son égard comme dans la littérature & les arts, où, faute de génie, on charge trop & l'on gâte tout.

Que de biens nous pourrions nous procurer en resserrant notre culture, & en multipliant nos troupeaux ! diminution de dépenses sur plusieurs objets ; facilité de travail pour les terres en labour ; engrais abondans ; récoltes plus fréquentes ; produits des bestiaux. Mais la paresse de l'esprit, qui rend si tyrannique l'empire de l'opinion, est peut-être plus grande encore que celle qui nous empêche d'agir. L'ignorance tient à la pareſſe ; elles ſe ſoutiennent l'une l'autre, & de leurs effets réciproques naiſſent tous les préjugés : de maniere que l'homme pareſſeux reſte ignorant, & que plus il eſt ignorant, plus il eſt opiniâtre. Mais ſi l'eſpoir de nouveaux avantages n'eſt pas ſuffiſant pour nous tirer de cette léthargie, joignons-y le ſentiment plus vif des inconvéniens attachés à nos pratiques.

Nous avons, dans ces provinces, beaucoup de montagnes incultes. Des troupeaux répandus ſur leurs flancs, grimpant juſqu'à leur cime, & nourris des herbes qu'un peu de terre y fait pouſſer, les rendroient bientôt plus productives. Elevés de la maniere que nous venons d'indiquer, ils vivifieroient ce ſol maigre. Quelques prairies artificielles, l'entretien des prés que la nature y fourniroit, ſi on la délivroit des ronces ou des bruyeres qui étouffent les tendres graminées, ſuffiroient à la nourriture des beſtiaux dont, chaque année, l'engrais amélioreroit les fonds.

Qu'obtenons-nous, au coutraire, quand nous voulons les mettre en culture, & ſur-tout par la maniere d'y procéder? C'eſt que tel canton ne peut être rendu productif qu'une fois en trois ans; tel autre une fois en cinq, en dix & même en quinze.

Avant d'expoſer ce qui me paroît nuiſible dans la maniere dont nous cultivons ces terres, & ce que je conçois des effets qui doivent en réſulter, qu'il me ſoit permis d'établir, à l'appui de mes obſervations, un principe que je crois vrai & applicable en toute circonſtance & en tout lieu : c'eſt qu'un champ produit infiniment davantage par les ſoins de l'homme, que lorſqu'il eſt abandonnè à la nature. Mais conſidérons notre méthode de défrichement.

Dans les terreins que je viens de citer, on arrache les arbriſſeaux, on leve le gazon, on pele le ſol, ſi l'on peut s'exprimer ainſi, on fait des tas de tous ces débris de végétaux, la plupart herbacés, & on les brûle ſur la place même. L'uſage de brûler ces ſubſtances aux lieux dont nous parlons, a l'inconvénient de déſſecher des terreins dont le vice eſt déja d'être trop ſec. Dans la combuſtion des végétaux ſur la terre, les ſucs des uns & l'humidité de l'autre ſe ſont évaporés enſemble; il ne reſte qu'une baſe fixe, & des ſels qui, prédominant dans le terrein, & mis plus à nud, en deviennent plus cauſtiques encore.

Brûler les végétaux ſur le champ, c'eſt réduire en chaux les terres calcaires, deſſécher les ſables, & vitrifier les argiles mêlangés des terres dont on vient de parler. J'ai vu deſſécher ainſi un quarré de jardin, ſur lequel on avoit brûlé des troncs de choux & diverſes racines de légumes, & en reduire tellement la terre en une ſorte de *caput mortuum*, qu'elle reſta, durant cinq à ſix ans, inſenſible aux influences de l'atmoſphere, au travail, aux engrais, à tous les moyens employés pour lui rendre ſon état productif. (*)

(*) Les idées que je viens de jeter ont beſoin d'être éclaircies par des obſervations qui auroient trop ralenti la marche du diſcours, & que je me ſuis déterminé à placer ici en note par cette raiſon.

Cette maniere de défricher dans nos montagnes, ſinguliérement pernicieuſe pour leur ſol aride, ſeroit au contraire applicable avec utilité dans les terreins gras, dans les cantons trop humides ou marécageux;

Lorſqu'on laiſſe décompoſer une maſſe de végétaux à l'air libre, ſur-tout après y avoir ajouté des matieres animales, on a pour réſidu une quantité conſidérable de terreau, qui n'eſt compoſé que des principes les plus prochains de ces végétaux, particuliérement du principe muco-oléagineux. Ce dernier, mis en état de ſavon, ſoit acide, ſoit alkalin, eſt avec l'eau, la ſeule partie que les racines pompent de la terre, tous les autres principes des végétaux paroiſſant être fournis par la lumiere, par l'air & les fluides aériformes.

Les terres maigres & ſeches manquent de ce principe muco-oléagineux, & ne ſauroient être fertiliſées qu'autant qu'on le leur fait acquérir. La combuſtion des végétaux leur eſt nuiſible; car, en dégageant pluſieurs fluides différens, qui s'élevent dans l'athmoſphere, & deſquels, par conſéquent, l'agriculture ne peut faire aucun uſage, elle ne laiſſe au pouvoir de celle-ci que la cendre & l'alkali fixe. Or, la cendre ne ſert de rien ſur les terres de la nature de celles dont il eſt queſtion : elle n'eſt qu'une véritable terre calcaire réduite à l'état de chaux, dont l'effet n'eſt ſenſible & avantageux que dans les terres fertiles & graſſes, qui ont beſoin d'être diviſées pour que les racines puiſſent s'étendre avec facilité, & aller chercher leur nourriture; la cendre agiſſant foiblement comme diviſeur chymique, mais fortement comme diviſeur méchanique. Quant à l'alkali fixe, au contraire, il agit chymiquement avec force, & nuit d'autant aux terres maigres & ſeches.

Il ne peut donc être utile de brûler les végétaux, que ſur des terreins gras ou depuis long-temps incultes, mais de la bonté deſquels on juge alors par la force de leur végétation, indépendamment de la culture.

là précisément, où il est fort rare qu'on la mette en usage : tant, parmi nous, la science agraire est encore dans l'enfance, même au sein des campagnes où l'on fait profession de l'exercer !

Nous ne manquons pas cependant d'écrits sur l'agriculture. Il est vrai qu'on a bientôt dit : « Divisez les » terres argileuses, serrées & compactes : fixez les terres » mobiles, par un mêlange d'argile & par des fumiers » gras : saignez & égouttez les terres aqueuses, &c. » Il n'est pas moins vrai que tous les préceptes, donnés ainsi vaguement, n'instruisent guere : souvent ils ne sont qu'un résultat de cabinet, dont a été dupe celui qui le premier y a ajouté foi. Je ne m'érige point ici en maître : j'ai recueilli des observations, & je cite des exemples.

Dans les provinces du nord de la France, on ne sait guere vouloir que du bled, comme dans celles du midi on ne cherche rien tant qu'a faire du vin. On ne veut pas voir chez nous, que les animaux qui nous nourrissent de leur lait & de leur chair, qui nous vêtent de leur laine & de leur peau, sont encore, dans les pays depuis long-temps habités, le moyen efficace & unique d'obtenir le bled & le vin. Il suit de notre obstination à rechercher exclusivement un genre de récolte, que beaucoup de terreins, inhabiles à le procurer, restent infertiles : telles sont presque toutes nos dunes, nos plages maritimes, & nos interminables landes. Ce n'est pas que toutes les spéculations à leur égard aient été absolument oiseuses, je veux dire, qu'on n'ait fait quelques tentatives pour en tirer parti. Témoin de quelques-uns de ces essais faits sur nos côtes & de leurs résultats, je vais indiquer la marche qu'on a tenue.

J'observerai préliminairement, & par rapport aux lieux dont il est question, que les vents agissent sur terre comme sur mer, qu'ils creusent les sables de ses bords, & les soulevent comme ils font les vagues : il leur faut seulement un bien plus long travail, pour avoir sur le sable, la même prise que sur l'eau. Aussi long-temps que le terrein est uni, les plus grands vents n'en soulevent que la surface : il leur faut un obstacle pour produire un effet local & partiel : alors, le moindre creux est bientôt agrandi, & en très-peu de temps les ravages peuvent être tels, qu'il n'appartienne plus à l'homme d'y remédier.

Le premier soin des propriétaires qui ont eu des vues de culture dans ces sables mobiles, fut toujours d'éviter ces prises, en rétablissant très-promptement le niveau. On n'en savoit pas plus ; & avec quelques précautions communes & d'usage pour tous les terreins, on ensemença ces sables. Le grain germoit ; on le voyoit sortir, s'élever, mais toujours la pluie ou le vent, souvent l'une & l'autre, en déracinoient la plus grande partie. Jamais les récoltes ne présenterent un bénéfice capable de déterminer beaucoup de particuliers. Ceux qui avoient fait ces entreprises les ont tous abandonnées, excepté quelques personnes qui, par des plantations du côté de la mer, ont garanti des vents quelques coins de terres, & celles, en très-petit nombre encore, qui ont suivi la pratique établie chez nos voisins, & dont je vais parler. Auparavant, je me permettrai, sur ce que je viens d'exposer, une réflexion applicable à toutes nos plages maritimes, vagues, désertes, mal saines, depuis la Flandre jusqu'en Espagne, & depuis l'Espagne jusqu'en Calabre : c'est que, dans les lieux de même nature, en Angletterre, on voit par-tout des terres en culture, ou des prairies, mais infiniment plus des dernieres.

Voyons donc les Anglois; car ils sont nos maîtres en agriculture comme dans les arts. Un coup d'œil sur leur méthode, en fait de défrichement & de culture, nous offrira d'excellentes instructions.

Est-il question d'un sable très-fin, de la nature de ceux que les vens balaient devant eux comme la poussiere des chemins, débris des silex, sans cesse roulés & divisés à l'infini, tels qu'on les voit sur le rivage de la mer? Après avoir applani le terrein autant qu'il est possible, on saisit le moment d'un temps calme, où les nuages sont bas & la pluie prochaine; on ensemence le terrein des graminées ordinaires des prés, & l'on bat la terre; bientôt vous voyez pointer l'herbe. A l'approche d'une seconde pluie, on seme, sur la nouvelle prairie, quelque terreau, de la terre même; on piétine encore le terrein, sans crainte de retarder la végétation des plantes, qui s'en trouve, au contraire, plus hâtée; les plantes poussent par les racines. Lorsqu'elles ont acquis une certaine consistance, on y met paître les bestiaux, bœufs, vaches, chevaux, moutons mêmes, en observant la gradation qu'exige leur conformation ; car l'épaiſſeur du muffle des bœufs ne leur permet pas de rien brouter où le mouton a pâturé ; & les chevaux, qui ne trouveroient pas à vivre après celui-ci, s'accommodent encore des reſtes de ceux-là.

La fiente, l'urine des animaux, leur chaleur, quand ils ſe couchent, leur poids, tout fixe le terrein, l'améliore, & concourt à en faire une excellente prairie, à l'abri de tous les inconvéniens, & où l'on peut faire des réſerves à volonté. Mais il convient de varier ces dernieres, en abandonnant toutes les autres parties à des parcages continuels, dont les plus maigres ſeront pour les animaux qu'il ne faut que nourrir, & les plus fertiles, pour ceux qu'on veut engraiſſer.

Telles ſont les pratiques dont j'ai vu l'adoption & l'excellent effet ſur l'une de nos côtes maritimes, & au moyen deſquels un très-petit nombre de particuliers a pu ſuivre, avec ſuccès & profit, l'entrepriſe, abandonnée par tant d'autres, de mettre en valeur les ſables des rivages de la mer.

Dans les ſables trop cruds, de quelque volume & d'une certaine conſiſtance, que la chaleur pénetre facilement & deſſeche beaucoup, lorſqu'après l'hiver, le grain, confié à la terre, ſe montre en herbe & la tapiſſe en partie, le cultivateur intelligent ſeme du trefle qui, à la premiere pluie, ſe trouve ſuffiſamment enfoncé & couvert. A meſure que le germe ſe déploie, que la tige s'allonge, ſe dégarnit par le bas, la feuille du trefle s'épanouit, s'étend, en raſant la terre qu'elle va couvrir. Alors elle attire puiſſamment la roſée, & entretient l'humidité qui, avec la chaleur, eſt le principe de la fermentation, le véhicule des combinaiſons, la cauſe prochaine & immédiate de la végétation & de toute génération. La racine du grain s'épate ou pivote, & s'affermit inſenſiblement ; la tige s'éleve plus vigoureuſement, eſt moins ſujette à verſer ; l'épi eſt plus grenu, le grain plus nourri. Déjà la récolte eſt faite ; bientôt une autre ſe préſente : elle ſera plus ou moins abondante ; mais, indépendamment d'une réſerve de fourrage excellent, toujours très-importante, elle laiſſera un gras pâturage pour l'hiver : & la terre piétinée, amendée par le ſéjour des beſtiaux, enſuite rompue & enſemencée, donnera du grain en plus grande quantité qu'on n'eût pu l'eſpérer. Le terrein eſt-il du genre de ceux qu'on eſtime bons & fertiles, (mais c'eſt ſortir de la queſtion) alors on en uſe comme dans les pays de grande culture ; on conſerve ſon trefle plus d'un an, & on le récolte pluſieurs fois chaque année.

Qu'on ne s'imagine pas que les fonds ſoient généralement meilleurs en Angleterre qu'ailleurs. Il y en a, comme par-tout, de bons, de médiocres & de mauvais ; & l'on ne peut pas dire que le ſol de cette contrée, où les hommes m'ont ſemblé les plus libres, les plus induſtrieux, les plus réfléchis & les plus heureux du monde, ſoit naturellement très-fertile. Cependant il eſt peu, même de mauvaiſes terres, qui jamais ſe repoſent, quoique les engrais recueillis n'y ſoient pas abondans ; mais on ne les emploie pas dans leur premiere nature, & il eſt rare qu'on les emploie ſeuls. On les met, durant pluſieurs mois, en fermentation avec des couches alternatives de terre, de ſables, de vaſes de la mer, & après que, réciproquement pénétrés les unes des autres, les parties de ces différentes ſubſtances ſe ſont atténuées, diviſées, & ont une énergie toute autre que celle du fumier employé ſeul & en nature, alors ſeulement on en fait uſage.

En Angleterre, on ne néglige rien de ce qui peut féconder la nature, rendre plus bénignes encore toutes ſes influences, & les plantes terreſtres dont on ne fait aucun uſage particulier, & les parties des animaux dont le principe alkaleſcent, plus abondant, ſe manifeſte & ſe communique bientôt, & les *varecs*, les *fucus* & autres productions marines, tout eſt mis en fermentation, décompoſé par la putréfaction, le plus abondamment & le plus fortement alkaliſé.

Toutes les ſortes de coquillages réduits en chaux, la chaux de pierre, la craie, la marne, le ſable, &c. ſont employés avec intelligence, ſuivant leur degré d'action, ſuivant les circonſtances, le temps & le lieu (*). On peut juger, d'après cela, ſi la culture des

(*) Un engrais très-actif, des meilleurs & des plus uſités en Angleterre, eſt celui des racines du genre des *raphanus* & de celui des *braſſica*, cultivées pour cet objet.

On ſeme la graine de ces plantes après la récolte des grains; lorſqu'elles ont pouſſé, on coupe le verd pour les beſtiaux, &, ſoit qu'on faſſe pâturer la ſommité des racines, ſoit que celles-ci reſtent intactes dans l'intérieur de la terre, toujours on les y laiſſe ſe décompoſer par la voie de la putréfaction, que les pluies de la fin de l'automne préparent, & que les

Anglois, comparée à la nôtre, eſt plus reſſerrée, mieux étendue, & ſi elle compenſe avec avantage la moindre étendue de terrein par une plus abondante production.

---

premieres gelées précipitent; de maniere qu'au printemps, la terre engraiſſée, ameublie, ſe trouve en état d'être miſe en culture & en rapport.

Cette pratique eſt fondée, ſans doute, ſur un raiſonnement très-juſte. Les plantes de la famille des cruciferes ſont à-peu-près les ſeules qui fourniſſent de l'alkali volatil, &, par cette raiſon même, elles ne ſont pas propres à faire de bon fumier, ſuivant la méthode ordinaire. Il faut les laiſſer pourrir dans la terre, afin que leur alkali puiſſe s'unir à ce principe muco-oléagineux; cet alkali fugace s'évapore dès qu'il eſt dégagé, ſi, dans cet état de vapeur, il ne rencontre des corps avec leſquels il a de l'affinité; alors, il s'y unit ſur le champ: mais il faut, pour cela, que ces corps lui ſoient *ſuperpoſés*.

J'avois parlé de cette culture des racines pour engrais en Angleterre, dans un *Mémoire ſur l'éducation des moutons*, (Journal de phyſique 1779) & j'en ai fait mention dans l'Encyclopédie (*Dictionnaire des Manufactures & Arts*, au mot *Mouton*) mais ſeulement comme une indication de la choſe; je ne ſaurois la préſenter ici avec beaucoup plus d'étendue, tant eſt grande l'abondance des matieres relatives à l'objet que je traite, ſur-tout par proportion avec l'eſpace où je puis les ordonner.

L'uſage de ſemer, pour la même fin à laquelle on deſtine les racines en queſtion, des graminées, & ſur-tout des légumineuſes les plus abondantes en herbe, qu'on renverſe à la charrue, & qu'on enterre à la fin de l'automne; cet uſage, dis-je, également connu en Angleterre, n'eſt pas auſſi étranger à la France, que le précédent; mais il n'eſt répandu que dans un très-petit nombre de nos provinces, & dans celles-là mêmes, il y a peu de cultivateurs qui ſachent appliquer avec intelligence cette excellente méthode.

Une terre dont le ſol eſt bon, mais qui ſe fatigue après avoir donné pluſieurs récoltes en grains, eſt remiſe en pré, avant qu'elle s'appauvriſſe. Ce pré, fauché, pâturé pendant quelques années, puis rompu, ſemé en grains, donne abondamment dès la premiere année de cette nouvelle culture.

Nous cultivons, au contraire, toujours de même nos terres épuiſées ; nous laiſſons vieillir nos prés juſqu'à ce que la mouſſe ou les joncs, les ranoncules ou la ſauge, la prêle ou le titimale (de toutes les plantes la plus funeſte aux prés & la plus pernicieuſe aux animaux) aient détruit les graminées. Le plus ſouvent, nous jetons ſur la terre un fumier crud, qui s'exhale en plus grande partie, va ſe perdre dans l'atmoſphere, & fertiliſer d'autres terreins que ceux auxquels il étoit déſtiné.

Ce vice, très-remarquable, en général, dans nos terres en labour, où les fumiers ſont épars long-temps avant qu'on s'occupe de les enfouir, & où ils ſont enſuite preſque toujours mal recouverts ; ce vice m'a paru plus ſenſible encore dans les vignobles de cette province, tous cependant cultivés à bras d'hommes.

J'ai vu quelques endroits, loin d'ici, où l'on procede avec plus d'intelligence. A l'entrée de l'hiver, dans chaque vigne qu'on veut fumer, on ouvre un foſſé, de deux en deux rangs de ceps, dans toute la longueur de la vigne ; on en rejette la terre ſur la partie qui n'eſt pas creuſée ; on garnit les foſſés de fumier, & on le piétine. Il demeure ainſi à découvert durant le temps des pluies ; on le laiſſe recevoir les rosées, assez abondantes dans cette saison, & qu'il attire puissamment jusqu'aux fortes gelées, avant les neiges ; alors on recouvre le fumier ; la chaleur se concentre ; & cette premiere façon donnée à la vigne, est la meilleure qu'elle puisse recevoir en aucun temps.

J'observerai d'ailleurs, que dans la plupart de nos campagnes, on n'use point avec assez d'activité de tous les engrais dont on pourroit profiter ; car il est peu de matieres qui ne puissent être employées en cette qualité. Toutes les terres s'améliorent par leur mêlange réciproque & bien combiné. Le sable desserre & rend plus mobile un terrein argileux : le limon noir des marais donne de la consistance aux fonds arides : la boue, les vases, vivifient un sol maigre ; le marc de raisins pénetre & divise les terres fortes : on en peut dire autant de la marne, des cendres, des décombres, du chaume brûlé, &c. Il n'est pas jusqu'aux herbes, aux plantes de toutes les sortes, aux feuilles de toutes les especes, qui, rassemblées & putréfiées dans des mares, ne forment un excellent engrais : ce sont ces plantes, ces feuilles tombées, par-tout abondantes, qui sont le plus dédaignées, malgré la facilité de leur emploi.

Xénophon (*Econom. L. III*, *ch.* 4) recommande cette pratique, & indique encore la suivante : « Lorsque le bled est sorti de terre, & poussé en herbe, » renversez-le, & le recouvrez de terre : votre récolte » sera aussi abondante que si vous eussiez amendé » votre champ. Si vous négligez ce soin, il est » douteux qu'il produise beaucoup de grains. »

Columelle (*L. II*, *ch.* 12) preſcrit cette opération une fois avant l'hiver, & une fois après. Pline (*L. XVIII. ch.* 20) en donne auſſi le précepte, & en indique la maniere. On uſe généralement, en Angleterre, d'une méthode connue & déſignée dans quelques provinces de France, par l'expreſſion de *gacher* ou *taller* le bled, laquelle ſupplée en partie à celle des anciens. Je parle de la herſe qu'on traîne, ou du cylindre qu'on roule ſur le bled en herbe : méthode trop peu connue ou trop rarement pratiquée, ſur-tout dans les terreins légers, ſur les terres maigres & ſeches.

L'une des plus anciennes nations agricoles qui ſoient ſur la terre, nous offre l'exemple d'une activité peut-être plus étonnante encore que celle de nos voiſins. Un homme connu par ſon zele ardent pour les progrès des connoiſſances utiles, reſpectable par ſes mœurs, dont l'auſtere probité, les manieres ſimples, le caractere ferme, & le cœur aimant, faiſoient également honorer & chérir la perſonne, M. POIVRE enfin nous apprend qu'à la Chine les terres ne ſe repoſent jamais. « Les terres chinoiſes, dit-il, ne ſont pas de » meilleure qualité que les nôtres ; ... toutes rapportent annuellement, même dans les provinces du » nord, & deux fois l'année, quelquefois même cinq » fois en deux années, dans les provinces méridionales, ſans jamais ſe repoſer depuis pluſieurs milliers d'années qu'elles ſont miſes en valeur. Un » laboureur Chinois ne pourroit s'empêcher de rire » ſi on lui diſoit que la terre a beſoin de repos, à certains temps fixes. »

Une ſingularité du ſyſtême d'agriculture des Chinois, dont nous ſerons peut-être également frappés, c'eſt qu'ils regardent l'uſage des prairies comme un abus auſſi nuiſible à l'abondance que les jacheres ; mais auſſi ont-ils moins de chevaux & moins de bœufs que nous n'en avons ; les canaux dont leur pays eſt coupé, facilitent le tranſport de toutes les denrées. Les feves, les racines, la paille, le grain même, ſervent à la nourriture de leurs beſtiaux.

Le rapprochement que nous venons de faire, en quelques points, de notre culture & de la culture angloiſe, préſente, pour objets principaux, d'une part, l'abus de laiſſer repoſer les terres, & de réſerver trop peu de prairies, le défaut d'un nombre ſuffiſant de beſtiaux, l'ignorance de la maniere de les multiplier & de les bien élever, l'obſtination à rechercher preſque excluſivement le bled & la vigne, d'où il ſuit qu'on laiſſe en friche des terreins dont on pourroit obtenir des productions d'un autre genre; enfin, le vice de nos engrais & de quelques-uns de nos défrichemens.

En oppoſition à ces inconvéniens d'où réſultent en partie, l'excès de travail & la miſere de tant de cultivateurs, nous voyons, de l'autre part, l'agriculteur Anglois au milieu de ſes nombreux troupeaux, travailler & amender, par leur ſecours, la terre qui lui rend chaque année le tribut de ſes ſoins ; il ſuit ſes prés avec la plus ſcrupuleuſe attention & la plus grande vigilance; tout eſt en rapport, & c'eſt ſans interruption ; le bétail fume le champ qu'il habite ſans ceſſe, & l'améliore en ſe multipliant ; la variété des produits assure l'aisance du laboureut qui, dans la paix & le bonheur de son état, exerce avec d'autant plus d'avantage son intelligence & son activité, augmente ses bénéfices & concourt à la félicité publique & à la prospérité de l'état.

J'avois étendu ces réflexions, en portant mes regards sur la culture de la vigne, que je crois aussi propre à en faire naître que les objets précédens. Si je pouvois me flatter, Messieurs, que ce discours vous eût paru digne de quelque attention, j'aurois l'honneur de vous offrir, dans une autre circonstance, la partie que je viens d'annoncer, & qui reculeroit trop loin les bornes que je dois me prescrire aujourd'hui. Peut-être ai-je déjà à me reprocher de vous avoir entretenu si longuement; mais comment résister a l'attrait des choses utiles, lorsque les regards & l'encouragement de l'homme en place, manifestant ses lumieres & annonçant sa protection pour tout ce qui tient au bien public, excitent le zele d'y concourir & en font naître l'espoir? Il n'est pas jusqu'au sexe aimable, dont la présence est une faveur, qui n'applaudisse ici par elle aux efforts des patriotes, & qui ne nous rappelle encore que le sourire des graces est, après le bonheur de nos semblables, la plus douce récompense de l'homme de bien.

TABLEAU

TABLEAU
DE L'ÉCONOMIE RURALE EN LITHUANIE,

Par M. GILIBERT, médecin du roi de Pologne, ancien professeur de botanique au jardin royal de Grodno, &c.

ON ne sauroit croire combien l'agriculture françoise retireroit d'avantages, si nous possédions des tableaux bien faits de l'économie rurale sous les différentes latitudes de l'Europe. L'homme, excité par le besoin, a, sans science & sans principes, fait une foule de découvertes précieuses à la société. Chaque nation, chaque province de l'Europe a produit de temps en temps des hommes extraordinaires, qui, guidés par l'impulsion d'un génie créateur, ont fait des recherches avantageuses. Réunir les résultats de ces faits sans s'embarrasser des théories générales qui peuvent les lier, seroit une entreprise utile.

Je me propose, Messieurs, de vous crayonner le tableau de l'économie rurale d'un pays peu connu, que j'ai étudié pendant plusieurs années. Occupé par devoir & par goût des recherches relatives à l'histoire naturelle, j'ai dû observer l'emploi que les Lithuaniens faisoient des productions de la nature. Je vais, en élaguant ce qu'ils ont de commun avec nos uſages, vous faire connoître comment ce peuple s'eſt élevé aux connoiſſances utiles pour ſe loger, ſe nourrir & ſe mettre à l'abri des injures de l'air ; je dis le peuple cultivateur, ſans m'inquiéter des mœurs & des coutumes des Magnats opulents, qui profitant des dons de l'homme inſtruit, ſans connoître ſes moyens, jouiſſent comme ailleurs de tout, ſans ſavoir le plus ſouvent comment le bled ſe ſeme & ſe développe.

Nous ne nous occuperons donc que de cette claſſe infime de l'eſpece humaine, qui, livrée à ſon inſtinct, ſait ſe procurer tout ce que la nature bien coordonnée requiert pour le bonheur, & ſemblable à l'animal qui ſillonne ſon champ, entretient la molleſſe de celui qui l'opprime, ſans s'appercevoir que lui ſeul peut tout, ſoutient tout & conſtitue véritablement le nerf de l'état.

La terre en Lithuanie eſt une vaſte plaine, auſſi grande que la moitié de la France. Jadis c'étoit une forêt continue qui ne nourriſſoit que des bêtes fauves : aujourd'hui même, les deux tiers de cette province ſont couverts d'arbres ; les voyageurs inſtruits, en parcourant ces vaſtes forêts, retrouvent dans le centre & à la circonférence, des preuves inconteſtables que ce ſol a été cultivé. Les fondations & les caves, les traces des ſillons & des foſſés prouvent, par-tout, qu'alternativement ce pays a été pluſieurs fois défriché & réduit en forêt, par une ſuite néceſſaire d'une population & d'un dépeuplement proportionnés à la bonne ou mauvaiſe adminiſtration. Quoi qu'il en ſoit, voyons comment ce tiers de province cultivé nourrit ſes habitans : pour le ſavoir, entrons dans un village, étudions les uſages de ceux qui l'habitent, voyons comment ils conſtruiſent leurs domiciles, comment ils s'habillent, ſe nourriſſent & s'abreuvent ; ces quatre objets examinés en détail nous fourniront le tableau que nous avons promis.

Il ſeroit ridicule de donner aux payſans Lithuaniens une ſtructure & un caractere communs ; le mêlange des races, le plus ou moins d'aiſance & de bien-être dans une ſuite de générations, ont dû cauſer des variétés dans les individus : cependant on peut aſſurer que les payſans de Lithuanie ſont en général d'une taille avantageuſe & d'une figure agréable, qu'ils offrent des traits réguliers. Preſque tous ſont blonds ou cendrés ; on en trouve peu de bruns. Leur vie dure & agreſte les rend très-robuſtes ; leur caractere eſt tranquille ; ils font lentement tout ce qu'ils entreprennent : mais s'ils ſont moins actifs que nos françois, ils ſoutiennent bien plus long-temps le travail ; ils ſont ſains, ſoumis à un petit nombre de maladies ; on trouve parmi eux, ſur-tout dans les diſtricts riches, un plus grand nombre de vieillards que dans nos meilleures contrées de France.

Ces payſans ſont ſerfs ou enfans de *la glebe*. Ils appartiennent tous à des maîtres ; mais leur ſort en eſt-il plus malheureux ? A l'abri du beſoin réel, s'ils perdent par quelque malheur leur maiſon, leurs beſtiaux, ſi les récoltes manquent, leur maître eſt obligé de leur rebâtir des maisons, de remplacer leurs bestiaux, & de leur fournir des grains. Ce paysan a des terres qu'il transmet à ses enfans, & que le seigneur ne peut lui enlever. Le plus pauvre a deux bœufs, deux vaches, un cheval & des cochons; il possede au moins soixante bicherées de fonds.

Ces faits posés, développons l'industrie de ces hommes si méprisables en apparence & si mal jugés par nos voyageurs, qui leur ont à peine accordé un instinct supérieur à celui des animaux. Un paysan Lithuanien jeté par la tempête dans l'isle de Robinson Crusoé auroit été peu inquiet de son sort. Donnez-lui une hâche, il sait avec ce seul instrument se construire un domicile pour lui & ses bestiaux; il n'a besoin ni de maçon, ni de charpentier, ni de serrurier, ni de charron. L'hiver, il fabrique un traîneau léger, pour retirer des forêts les pieces de bois qui lui seront nécessaires pendant toute l'année; l'été, il sait faire un charriot aussi léger & très-solide pour transporter ses récoltes. Avec sa hache il équarrit des troncs d'arbre; en les posant les uns sur les autres, il en fait des murs très-solides; il place entre les joints une espece de mousse & de *lichen*, & par ce moyen il sait rendre ces murs impénétrables au froid. Ces maisons sont en parallélogramme; à un angle s'éleve un grand poële, très-ingénieusement inventé, qui entretient dans l'habitation une chaleur perpétuelle de 15 degrés, tandis que quelquefois en dehors le froid est de 24. La porte & la cheminée du poële sont en dehors, & il en resulte qu'on n'est jamais incommodé de la fumée. Ce payſan ſait faire cuire la terre glaiſe pour former ſes briques ; cette maiſon de ſimple ſtructure eſt recouverte par un toit de chaume. Tout près ſont les écuries qui ne ſont formées que par des branchages entrelacés, entre leſquels on introduit de la terre glaiſe gâchée avec des chaumes ; cela forme des maſſifs impenétrables au froid ; ces écuries ont peu d'élévation ; le plancher n'eſt formé que par des troncs de jeunes trembles, ſur leſquels repoſent la paille & le foin ; la ſeule pente du toit de chaume, très-incliné comme celui de la maiſon, fournit aſſez d'eſpace pour approviſionner de paille & de foin les beſtiaux pendant l'hiver.

Notre payſan ainſi logé, ſonge à ſe meubler. Un cadre de tronc de jeunes chênes porté ſur quatre pieds, & ſur lequel on poſe une claie chargée de fougere & de mouſſe, forme ſon lit ; les plus riches le couvrent de deux peaux d'ours. Une table de ſix pieds, quelques tabourets de bois, complettent ſon ameublement. Les enfans dorment l'hiver ſur des bancs près du poële, l'été ſur des feuilles ou en plein air. Quelques pots de terre conſtituent ſa vaiſſelle ; une pierre de jaſpe creuſée au marteau, garnie d'un pilon à dents qui roule dans la pierre, lui ſert de moulin pour former ſon gruau & ſa farine ; un tronc de chêne creuſé à la hache, lui donne une pétriere. Son four eſt près du poële ; il ſait très-bien l'élever & le garnir ſans appeller un maçon.

Son vêtement eſt, l'hiver, une chemiſe de toile de lin, filée & fabriquée dans la maiſon, une tunique de peau de mouton dont le poil porte ſur le corps. Un drap brun, filé par ſa femme & fabriqué ſur le même métier que la toile lui donne une autre toge longue ; il n'achete guere que la ceinture de laine rouge. Ces payſans ne ſe raſant jamais, & portant une longue barbe comme les patriarches, ne ſont point, comme les nôtres, tributaires d'un barbier. S'ils ſont malades, ils ſavent ſupporter leurs maux, l'expérience leur ayant appris à connoître les maladies que la nature guérit, & celles dans leſquelles elle ſuccombe. Dans le premier cas ils boivent des acides, & reſtent tranquilles ſur leur grabat ; dans le ſecond, ils ſavent attendre la mort ſans murmurer ni ſe plaindre. Un d'eux étoit hydropique : je voulus lui perſuader de prendre des remedes, il me repondit : « Notre Palatin eſt mort depuis deux mois de la même » maladie ; cependant le grand médecin de Varſovie » lui a donné bien des remedes. »

Tel eſt le ſerf en Lithuanie : voyons à préſent ce qu'il fait pour pourvoir à ſes beſoins & à ceux des Magnats qui l'enchaînent. Je l'ai déja dit : la Lithuanie n'eſt qu'une plaine dont la croûte eſt aréneuſe ; le terrein en eſt ſi meuble que les vents impétueux le bouleverſent ſans ceſſe, excepté quelques langues dont la croûte ſablonneuſe a été enlevée par les eaux & qui préſente à nud la terre forte, argilleuſe, & quelques autres dans des bas-fonds qui ne ſont autre choſe que des marais deſſéchés qui offrent une tourbe décompoſée, une vraie terre végétale, l'*humus* des minéralogiſtes. Tout le reſte du pays eſt ſablonneux, mais ce ſable eſt fortement imprégné de terre végétale, réſultat de la décompoſition des arbres & des feuilles des forêts qui ont alternativement couvert tout le pays. Ces terres défrichées durent des ſiecles en bonne végétation ; lorſqu'elles s'appauvriſſent, on les abandonne, & elles ne tardent pas à s'enſemencer de nouveau pour devenir encore des forêts, qui ſeules peuvent, à la longue, leur rendre leur ancienne fertilité.

Autre fait utile à ſaiſir : cette terre ſablonneuſe a peu de profondeur ; on trouve conſtamment au deſſous une argille jaune ou griſe, qui, comme nous le verrons bientôt, en conſervant l'humidité & en fixant l'extrémité des chevelus des bleds, aſſure leur exiſtence & leur fécondité.

C'eſt de ce ſol ſtérile en apparence, que le payſan Lithuanien ſait retirer d'abondantes récoltes ; l'expérience lui a appris que le labeur doit être ſuperficiel, qu'il faut de cinq en cinq ſillons laiſſer un égout plus profond. Sa charrue eſt la plus ſimple des nôtres ; elle eſt ſi légere qu'il peut l'emporter avec facilité ſur le dos. Un ſeul cheval ſuffit pour ouvrir les ſillons dans une terre auſſi légere. On doit croire que ce terrein preſque homogene & ſans pierre, n'a pas beſoin pour être pulveriſé, de pluſieurs labours ; deux façons ſuffiſent : à la ſeconde le ſemeur ſuit ; il projette le grain avec art, & le herſeur l'accompagne, qui le recouvre avec une herſe auſſi légere que la charrue.

Quelque ſimple que ſoit cette culture, les récoltes ſont étonnantes ; on retire communément, dans un terrein ſi maigre en apparence, dix, douze, quatorze pour un. Sur ce terrein ſi leger, on ne ſeme qne du ſeigle qui diffère du nôtre, 1°. en ce que ſon chaume eſt moins élevé; à peine acquiert-il la hauteur de 28 à 30 pouces. 2°. En ce qu'il racine plus profondément; on s'eſt aſſuré qu'il traverſe par ſes chevelus la couche ſablonneuſe & va s'empâter ſur l'argille, ce qui le fixe & lui fournit aſſez d'humidité pour ſa végétation pendant les chaleurs ardentes de juin & de juillet. On ſeme à la fin de ſeptembre ou au commencement d'octobre; la fane eſt brillante en novembre; les terres à bled paroiſſent alors de belles prairies, auſſi laiſſe-t-on les moutons y paître en novembre ſi les touffes ſont trop fortes; les gelées de décembre & janvier qui ſont ſouvent pluſieurs jours de 25 degrés & qui couvrent la terre de neige glacée juſqu'à la hauteur de trois pieds, brûlent cette verdure, mais les racines & leurs collets n'en ſouffrent point. Au printemps, vers la fin d'avril ou le commencement de mai, cinq à ſix jours de chaleur, avec le vent du midi qui fait monter tout à coup le thermometre à 12 degrés, ſnffiſent pour métamorphoſer des champs immenſes qui paroiſſoient ſtériles, en tapis riants de verdure. Si ces chaleurs ſe ſoutiennent, on eſt ſurpris de la célérité avec laquelle les bleds montent. On peut aſſurer que ſous ce climat la végétation eſt beaucoup plus accéllérée qu'en France. Pour rendre raiſon de ce phénomene agronomique, il ſuffit de ſe rappeller l'effet des terres ſablonneuſes pour concentrer la chaleur, & la nappe humide, ou couche d'argille, ſur laquelle ces terres ſont aſſiſes. Mais pour mieux évaluer la fécondité de ces terres ſi légeres, il faut non ſeulement avoir égard au produit, mais encore à l'étonnante quantité de grains dévorés par les oiſeaux; car, après les ſemailles, cette terre eſt ſi meùble, qu'il leur eſt facile de mettre le grain à découvert. On moiſſonne du 15 au 25 juillet, & le verd du ſeigle ne commence cependant le plus ſouvent à renaître, que du 12 au 15 mai, ce qui ne donne que ſoixante jours pour faire monter les bleds, & féconder & mûrir les ſemences. La moiſſon faite, on ferme les bleds en paille dans les granges, & le payſan ne les dégraine qu'à meſure de ſon beſoin.

Le ſeigle eſt le fond de la nourriture, non ſeulement des payſans mais encore des gentils-hommes, & nous pouvons aſſurer que ce pain de ſeigle eſt beaucoup plus léger, beaucoup plus ſavoureux que celui que l'on fait en France avec le même grain; au reſte, ce pain a une propriété bien conſtatée en France & en Lithuanie, c'eſt qu'il ſe digere avec facilité & ne conſtipe point.

On ne cultive l'orge en Lithuanie, que pour faire de la biere, & dans les terreins humides & argilleux. Le froment y eſt rare; on ne le ſeme que dans les terreins bas, qui ont été, comme je l'ai dit, des étangs ou marais déſſechés. Mais ces terreins qui ne ſont compoſés que de terre végétale, ſont fertiles au delà de tout ce qu'on peut croire. C'eſt une terre noire très-légere, auſſi facile à labourer que les ſablonneuſes. On réſerve la farine de froment pour le pain de *gala*,

& pour former des pâtes des gruaux, des *macaroni*, dont on consomme une grande quantité sur toutes les tables.

Après le seigle, le froment & l'orge, la récolte en menus grains, la plus spécieuse, est celle du bled sarrasin, qui s'est si bien accommodé de ce climat, qu'on en trouve par-tout de spontané. On en cultive de deux especes : le tartare, *polygonum tartaricum*, & le vulgaire. Mais comme les terres ne sont pas rares, on le seme au printemps sur des fonds reposés, & on le récolte grainé en septembre. Le tartare est plus gros, plus farineux. Ce grain sert, non seulement comme en France, à nourrir la volaille, mais on sait encore en retirer une belle farine qui, humectée & pressée sur des cribles, fournit des grains ovales qui forment un excellent gruau dont on fait plusieurs ragoûts en pâtisseries. Le Seigle donne donc au paysan de Lithuanie son pain, l'orge sa biere, qu'il sait faire fermenter & qu'il assaisonne avec de l'absynthe, le froment & le sarrasin ses pâtes pour gâteaux & gruaux : voyons maintenant les autres plantes dont il sait tirer parti.

Il ne cultive guere du chanvre que dans les terres argilleuses, voisines de sa maison, qu'il a su dompter de temps immémorial avec une marne très-commune, purement calcaire & coquillaire : mais il seme du lin sur ces terres légeres ; quoique ce lin soit moins haut que celui de Flandre, sa filasse est plus douce, plus fine : aussi les Hollandois l'enlevent-ils presque tout pour leurs fabriques de toiles. Les semences servent comme ailleurs pour en retirer une huile graſſe, & leur marc eſt en hiver un des fonds de la nourriture des pourceaux: mais les Lithuaniens préferent, pour leur uſage, comme aliment ou aſſaiſonnement l'huile de graines de choux ſauvages, dont ils cultivent trois eſpeces; le chou champêtre *braſſica campeſtris*, le chou oriental *braſſica orientalis*, & le *raphaniſtrum*. Ces eſpeces grainent en abondance & donnent une huile vierge qui n'eſt point déſagréable; la plus mauvaiſe ſert pour la lampe, dont on n'uſe que pour les travaux les plus lucratiſs, car pour filer & pour les autres occupations ordinaires, on ne s'éclaire qu'avec des lames de ſapin réſineux.

Ces grands objets de culture ne ſont pas les ſeuls qui fixent l'attention des payſans de Lithuanie: le houblon qui ſert pour modérer la fermentation de la biere, eſt un produit trop intéreſſant pour être négligé. Cette plante, ſi elle n'eſt pas ſpontanée en Lithuanie, s'y eſt ſi bien naturaliſée, qu'elle a gagné les forêts; on la cultive principalement dans les bas-fonds à terre noire, à deux pieds de diſtance; on donne à chaque touffe un tuteur de vingt pieds d'élévation; lorſque le houblon a enveloppé ces tuteurs, cela produit de loin un maſſif de verdure très-agréable.

Chaque payſan Lithuanien a un jardin derriere ſa maiſon; l'enceinte eſt un *laſſis* de jeunes branches d'arbres: ils ignorent abſolument l'art des haies vives, quoiqu'ils poſſedent dans leurs forêts preſque tous les arbuſtes qui conſtituent nos haies. Dans ces jardins & vergers, ils cultivent quelques eſpeces de pommiers & de poiriers de médiocre qualité; leurs cerifiers ne produifent pas de meilleur fruit; cependant ils favent greffer tout auffi bien que nos jardiniers. Leur méthode la plus générale eft de tronçonner de jeunes fauvageons de pommiers, d'enlever une portion de l'écorce de la largeur de l'angle, & de couper la greffe en bifeau ou bec de flûte; ils en affujettiffent quatre fur les plaies, aux quatre faces du haut du tronc avec des ofiers, & couvrent le tout de terre glaife enveloppée d'un linge graiffé.

Leurs autres arbres à fruit font les pruniers, dont les fruits confervent toujours beaucoup d'acidité. S'ils entreprennent d'élever des feps de vigne, ils font obligés de les enfévelir en terre à un pied de profondeur, & de les recouvrir de fumier; les neiges couvrent ce fumier de trois pieds en forte que le fep eft enfoui, en hiver, à la profondeur de cinq pieds. Le raifin de ces vignes noircit très-bien; il eft même agréable au goût en octobre: mais fi on en fait du raifiné fans y ajouter beaucoup de fucre, il eft très-aigre, & c'eft le fort de tous les fruits du nord. La chaleur feule peut developper le corps fucré. Tous les arbres fruitiers fpontanés dans ces régions glacées, n'offrent que des baies très-acides, les grofeillers, les mirtilles, les ronces en font la preuve; les framboifes mêmes, fi douces dans nos climats, font acides en Lithuanie. La fraife feule y eft aromatique, douce, & à peine aigrelette. Mais la nature n'a pas abfolument refufé le principe doux aux productions de la Lithuanie: les abeilles, qui font abondantes & naturelles dans ce pays, favent le trouver, & le recueillir en abondance. Dans les vaftes forêts du nord, chaque vieux tronc d'arbre cache un essaim qui présente un miel blanc, bien supérieur à celui des Pyrenées que l'on appelle miel de Narbonne. Ce miel, mêlé avec une suffisante quantité d'eau, fermente comme le mout de raisin; mais ce vin conserve un goût de miel, qu'il ne perd qu'après une dixaine d'années; lorsqu'il est gardé vingt ans, il acquiert un goût si agréable & si spiritueux, qu'on ne peut le distinguer des meilleurs vins d'Espagne. Plusieurs familles nobles en conservent depuis un siecle, mais le paysan le boit la premiere année; alors cette liqueur est lourde, flatueuse, & exige pour la digérer, des estomacs aussi robustes.

Ces paysans savent faire, par d'autres méthodes, des vins de framboises, de baies de plusieurs ronces, surtout de *chamæmorus*, de myrtille, d'oxicoccos ou canneberge. Après en avoir exprimé le suc, ils le rapprochent par l'ébullition, & le font fermenter seul ou avec un peu de miel. Ces vins sont très-agréables, mais peu spiritueux. Je ne parle pas du cidre; les payans n'en font guere usage pour eux, quoique leurs pommes soient assez bonnes pour en faire d'aussi agréable que celui de Picardie.

Il seroit bien à desirer pour ces paysans, que leur industrie se fût bornée à imaginer la biere, l'hydromel vineux, & tous les vins dont nous venons de parler: mais ils savent encore, pour leur malheur, retirer des esprits ardens, de l'eau-de-vie de plusieurs substances muqueuses, du froment, du seigle, de l'orge, de l'avoine, des noyaux de cerises. Ces esprits sont aussi agréables que notre eau-de-vie: ils les aromatisent avec des ſemences d'anis ou de fenouil. Pluſieurs autres plantes écraſées leur fourniſſent un ſuc doux & muqueux, qu'ils font fermenter, & dont ils retirent un eſprit ardent très-vif. Nous ne citerons que la berce ou *l'heracleum ſphondilium*. On ne ſauroit imaginer quelle quantité de ces eaux-de-vie de grains & autres peuvent boire impunément ces payſans : ils ne ſoupirent qu'après les momens où ils pourront, en ſe gorgeant de ſpiritueux, reſter morts ivres. L'habitude leur permet de boire trois ou quatre pintes de ces liqueurs, ſans en être ſenſiblement incommodés. J'ai connu des milliers de Lithuaniens plus que ſeptuagenaires, qui avoient commis ces excès toute leur vie. Les médecins, qui, dans leurs cabinets, décident magiſtralement que les ſpiritueux condenſent néceſſairement les humeurs, racorniſſent les fibres, & cauſent des obſtructions, ont-ils prononcé d'après un nombre bien ſuffiſant d'obſervations ? Certainement ils ignorent l'étendue de l'énergie du principe vital pour dompter les cauſes morbifiques.

Nous avons vu comment notre payſan de Lithuanie prépare ſon domicile, ſon vêtement, ſa nourriture & ſa boiſſon ; examinons maintenant comment il ſe procure quelques ſuperfluités.

Son jardin lui fournit des bettes-raves, pluſieurs eſpeces de choux, des pommes de terre, des pois, des oignons, des aulx. Un uſage ſagement établi, eſt celui de faire aigrir des choux hachés & des bettes-raves : l'oſcille, les concombres ſont auſſi d'un uſage fréquent. Dans tous les jardins on cultive l'anis, le coriandre & le fenouil. Indépendamment de l'emploi de leurs ſemences dans l'eau-de-vie, on en met une grande quantité dans le pain. Ces uſages ſont très-louables médicinalement parlant; mais ce qui me ſurprit, c'eſt de trouver par-tout des champs immenſes remplis de pavots à groſſes têtes, de la même eſpece qui fournit l'*opium*, & de voir qu'on ne les cultivoit que pour les ſemences dont on faiſoit des gruaux dont chaque Lithuanien mange impunément une quantité capable de faire trembler nos médecins théoriciens.

Quoique la viande & le gibier ſoient très-abondans en Lithuanie, les payſans en mangent peu; ils réſervent la volaille, le beurre, les œufs, & leur gibier pour payer leur tributs; ils ſe contentent de faire fumer du lard & d'autres parties du pourceau, mais ſur-tout de faire fumer des quartiers d'oies dont ils retirent abondamment une huile très-douce & très-agréable.

Voilà, Meſſieurs, le tableau de l'induſtrie des payſans de Lithuanie; j'aurois pu y ajouter des obſervations ſur pluſieurs objets; j'aurois pu faire voir comment, avec des écorces d'arbres, ſur-tout du tilleul, ils ſavent faire d'excellentes cordes & toute leur chauſſure; comment ils ſavent exploiter leurs mines de fer limonneuſes, & en forger eux-mêmes des ſocs de charrue; comment ils ſavent faire leur charbon, retirer la potaſſe, la poix-réſine, le goudron; j'aurois pu les conſidérer comme chaſſeurs à la bête fauve, comme pêcheurs, car ils ſont tout ce qu'ils veulent être: mais tous ces objets exigeroient, pour les développer, un temps conſidérable. Je me contenterai d'évaluer ce qu'ils conſomment en les comparant avec nos payſans françois.

	liv.	ſ.	d.
Un cheval, en Lithuanie, coûte au payſan	15		
Une vache, ...	12		
Une paire de bœufs, ...	60		
Un gros cochon, ...	6		
Une brebis, ...	1	16	
Une oie, ...		10	
Une poule, 6 ſ. un poulet,		3	
La livre de beurre, ...		5	
Une douzaine d'œufs, . .		5	
La livre de viande, . . .		2	
La livre du pain de ſeigle, .			6
Une livre de farine de froment,		2	
Une bouteille de biere, . .		1	
Une bouteille d'eau-de-vie, .		4	
Une aune de toile, ...		9	
Une chemiſe, ...	1	4	

Un habit de drap, 9 liv. de peaux, 5 liv.

Ce prix modique des comeſtibles & des vêtemens, en Lithuanie, fait qu'on évalue l'entretien & la nourriture de rigueur à 72 liv. monnoie de France; d'où il ſuit que chaque payſan laiſſe près de la moitié de ce qui lui eſt dû, à l'homme vivant dans l'aiſance, en ſuppoſant que chaque homme ſur la terre eût, ſi le partage étoit égal, quarante écus de rente. Faiſons maintenant attention au petit nombre de nobles Lithuaniens en comparaiſon des payſans, & nous nous aſſurerons que là, plus qu'ailleurs, le riche ne laiſſe au pauvre, en profitant de tout ſon travail, que préciſément ce qu'il lui faut pour ne pas mourir de faim.

EXTRAIT

EXTRAIT
DU MÉMOIRE
SUR LES BOISSONS VINEUSES,

A LA PORTÉE DE LA CLASSE DU PEUPLE LA PLUS PAUVRE (*),

De M. WILLERMOZ, *médecin des académies de Montpellier, Toulouse, Bordeaux, &c.*

PREMIERE PARTIE. *Motifs pour rechercher des boissons vineuses à la portée du peuple.*

LES provinces les plus favorisées d'un genre de production, ne voient pas toujours leurs habitans en jouir, & il n'arrive que trop souvent que la classe du peuple

---

(*) Ce mémoire plein de vues utiles, étant d'une trop grande étendue pour être lu dans une séance publique, l'auteur s'est contenté de lire la seconde partie dans la séance du 5 janvier 1787, & l'on a cru que les lecteurs verroient ici avec plus de plaisir un extrait de l'ouvrage entier, assez étendu pour le faire pleinement connoître.

qui en auroit le besoin le plus pressant en est totalement privée. Les pays les plus abondans en vignobles ne sont pas ceux où les personnes indigentes, soit dans les campagnes, soit dans les villes, peuvent se procurer aisément du vin. Cependant le vin est une boisson & même un aliment d'un besoin réel pour le peuple accablé de travail, presque toujours mal nourri, logé dans un air infect, & par-là plus sujet aux épidémies, & à plusieurs maux dont l'usage du vin pourroit le préserver.

Les provinces où il y a beaucoup de vignobles, peuvent se diviser en trois grandes classes : la premiere donne des vins excellens, la seconde des vins médiocres, & la troisieme des vins très-inférieurs.

Dans les pays où les vins sont précieux, les propriétaires se permettent à peine de goûter leurs raisins; ils vendent tout leur vin, & en ont souvent promis, avant la récolte, plus qu'ils ne peuvent en recueillir. Ils achettent pour leur propre consommation des vins inférieurs, qu'ils font venir quelquefois d'assez loin. Le pauvre cultivateur est obligé de s'en passer. Le petit vin que nous appellons *piquette*, est même trop précieux & trop recherché dans ces cantons, pour qu'on en fasse boire à des journaliers.

Dans les provinces où le vin est médiocre, il se fait une plus grande quantité de petit vin, & on l'abandonne aux journaliers & aux ouvriers : mais qu'est-ce que ce petit vin? c'est le résultat de la fermentation que l'on fait éprouver aux marcs des raisins & des grappes, qui ne fournissent plus rien aux moyens les plus actifs que la méchanique ait pu inventer pour les presſurer, délayé dans la plus grande quantité d'eau qu'il eſt poſſible d'employer ſans éteindre entiérement la fermentation.

Cette boiſſon, qui n'a preſque rien de vineux que l'air fixe dont l'eau eſt imprégnée, eſt ſouvent âpre & déteſtable : cependant elle eſt de quelque utilité pour la ſanté de ceux qui en boivent : elle eſt acide, antiſeptique, cordiale. Malheureuſement elle ne ſe conſerve pas long-temps. Indépendamment des vices de ſa fabrication, on la met dans les plus mauvais tonneaux, on la tient dans les plus mauvaiſes caves, & il eſt rare qu'elle ſe conſerve pendant l'été ; de ſorte que dans la ſaiſon où les travaux de la campagne ſont le plus multipliés, où les humeurs ſont le plus en mouvement, où les épidémies ſont le plus à craindre, les malheureux journaliers ſont encore privés de cette reſſource.

Dans les provinces où le vin eſt très-inférieur, le petit vin n'eſt pas même connu : la cupidité a appellé l'induſtrie qui lui a appris à tirer de l'eau-de-vie des vins, des marcs & des lies. Le réſidu ne peut ſervir que d'engrais. Quelquefois, & dans les années d'abondance où l'on ne ſauroit que faire de l'eau-de-vie, on fait un peu de vin pour le peuple, mais il eſt vraiſemblable que les débouchés, que font eſpérer au commerce les nouveaux traités, enléveront au peuple juſqu'à cette reſſource paſſagere.

Si nous jetons les yeux ſur les pauvres habitans des villes, nous verrons que le vin leur ſeroit encore plus néceſſaire qu'à ceux des campagnes, qu'ils en font difficilement ufage , & en ont rarement de bonne qualité.

Les anciens habitans de nos villes buvoient beaucoup de vin, & il étoit bon. D'après les recherches de M. Maret, dans fon mémoire couronné fur les anciennes & nouvelles maladies des François, & celles de M. Le Grand, dans fon ouvrage fur la vie privée de nos ancêtres, il paroît qu'ils périffoient fouvent d'hydropifie. Les autres maladies les plus frêquentes étoient celles qui affectent la peau, & qui font une fuite de la malpropreté & du peu d'ufage du linge : mais en général il y avoit moins de maladies, & on étoit plus robufte. L'adage populaire eft donc ftrictement vrai : *Si nous ne valons pas nos peres, c'eft que nous ne buvons pas comme eux.*

Les habitans des campagnes fuppléent en partie aux effets du vin, par l'ufage du poivre & du piment; ils vivent dans un meilleur air; ils ont des herbages en abondance & de meilleure qualité. Mais le peuple des villes, privé de plufieurs de ces avantages, mene une vie moins naturelle & plus trifte; l'ufage modéré du vin, ou des boiffons vineufes propres à le remplacer, feroit pour lui infiniment falutaire.

Dira-t-on que fi ces boiffons devenoient plus communes, leur ufage pourroit dégénérer en abus? Cet inconvénient, qu'on ne fauroit nier abfolument, eft moins à craindre qu'on ne l'imagine. On peut citer pour exemple le Languedoc. Le vin y eft bon & fouvent commun. On n'y paie, dans les villes, que quarante fous d'entrée par muid de vin; cependant il eſt rare d'y voir des femmes ou des jeunes gens qui en boivent ; le plus grand nombre des hommes s'en abſtient ; les habitans des campagnes & les artiſans des villes (à l'exception des étrangers) en boivent peu. La nature du ſol, du climat, les alimens plus aromatiques, les ont diſpoſés à cette privation volontaire. On ne parle point ici des habitans des plages maritimes & des lieux marécageux, des pêcheurs ni des matelots, qui boivent tous beaucoup de vin, & lui doivent en partie la ſanté robuſte dont ils jouiſſent.

Ce n'eſt point l'abondance, mais c'eſt au contraire le beſoin & la privation du vin qui en excitent & en ſoutiennent dans le peuple ce deſir effréné, d'où réſultent ces excès intermittens qui cauſent tant de maux & de crimes.

On croit donc que ce ſeroit rendre un ſervice important à la claſſe du peuple la plus indigente, que de lui indiquer les moyens faciles de ſe procurer des boiſſons vineuſes, ſaines, ſalubres, moins agréables, en général moins fortes que le vin, mais qui pourroient y ſuppléer, & reviendroient à un prix très-modique.

Pour que ces boiſſons ne fuſſent ni falſifiées ni enchéries par des impôts, il ſeroit à ſouhaiter que chaque famille du peuple pût les préparer dans ſon domicile, en grande ou en petite quantité, & en varier à ſon gré la force, le goût ou la couleur, comme elle prépare ſon pain ou ſes alimens.

Au reſte, ces boiſſons feroient peu de tort à la conſommation du vin, & ne devroient nullement allarmer les propriétaires de vignobles, parce que la même raiſon qui détermine les étrangers les plus abondamment pourvus de boiſſons vineuſes, à rechercher & à acheter nos vins à un prix très-haut, fera que ceux qui pourront ſe procurer du vin, le préféreront toujours. Il en réſulteroit ſeulement que les perſonnes trop indigentes pour boire habituellement du vin, uſeroient d'une boiſſon plus agréable pour elles & plus convenable pour leur ſanté, que l'eau pure ſouvent viciée & mal ſaine.

2de. PARTIE. *Vues générales ſur la fabrication des boiſſons vineuſes.*

Toute ſubſtance végétale ou animale dans laquelle on rencontrera une ſaveur analogue à celle que tout le monde connoît, au ſucre & au miel, peut être propre à faire du vin. Il exiſte un grand nombre de ces ſubſtances dans la nature, & il y en a auſſi beaucoup dans leſquelles ce corps doux réſide, quoiqu'il ſoit maſqué par d'autres goûts, ou qui peuvent l'acquérir à l'aide de quelque opération de l'art ou de la nature.

Lorſqu'on a rompu les cellules & le tiſſu d'une ou de pluſieurs eſpeces de ces fruits doux & ſucculans ou de quelque autre de ces ſubſtances, & que leur ſuc eſt réuni en maſſe, il s'établit naturellement dans ces fluides, mis à l'air libre & à une température favorable, un mouvement qui a été nommé fermentation. Ce mouvement altere & change conſidérablement ces fluîdes, & les fait paſſer ſucceſſivement dans quatre degrés ou états différens. Le premier de ces degrés de fermentation ou d'altération eſt le vineux ; le ſecond, l'acéteux ; le troiſieme, l'alkalin volatil ; & le quatrieme, le putride.

Eſt-ce la même ſubſtance contenue dans ce ſuc, qui fournit ſeule ces différens produits, ou, ce qui eſt plus vraiſemblable, ce ſuc n'en contient-il pas de pluſieurs eſpeces hétérogenes dès le principe, qui parviennent ſucceſſivement au genre d'altération qui leur eſt propre, comme, par exemple, le ſucré au vineux, la gomme ou le mucilage à l'acide, la gelée ou la lymphe, que tous les végétaux contiennent, à l'alkalicité, &c? On ne s'occupera point ici de cette queſtion, quoiqu'elle ſoit auſſi neuve qu'intéreſſante. La théorie de la fermentation n'a point été juſqu'à préſent aſſez approfondie, & l'académie de Berlin, qui en avoit fait le ſujet d'un de ſes prix, a été forcée de le retirer, parce qu'elle n'avoit point reçu de mémoire qui répondît à ſes vues.

Quoiqu'en général les fruits les plus doux & les plus ſucrés ſoient les plus propres à faire des vins, cependant lorſqu'ils le ſont trop, la fermentation vineuſe n'a pas lieu, comme cela arrive aux ſirops, où elle eſt très-lente & très-longue, & les boiſſons vineuſes qui en réſultent ſont dégoûtantes par leur trop grande douceur. Lorſqu'un ſuc peche par cet excès de ſubſtance ſucrée, lorſqu'il eſt viſqueux, rapproché, épaiſſi, il ſe deſſécheroit ſans fermenter ; il faut alors le délayer & le diſſoudre dans une quantité d'eau convenable. Le ſuc d'un fruit, ou de quelqu'autre ſubſtance qui ne feroit que ſucrée, le ſucre lui-même étendu dans une ſuffiſante quantité d'eau pour fermenter complétement, formeroit une boiſſon vineuſe inſipide. Il faut donc néceſſairement que les matériaux employés pour faire ces boiſſons, ayent, outre la ſaveur douce, d'autres goûts tels qu'une acidité légere, un principe aromatique flatteur, un parfum enfin qui s'applique à l'odorat comme au goût, ou même une amertume légere, un principe âpre qui ſeul feroit déſagréable, mais qui, fondu & intimément mêlé avec le corps ſucré, peut produire, après la fermentation, une boiſſon vineuſe très-agréable.

C'eſt ici qu'il faut que l'art vienne au ſecours de la nature, & corrige les ſubſtances qu'on veut employer, par quelque mélange de plante, de racine ou d'aromate.

Quant à l'acidité, il n'eſt aucune boiſſon agréable ſans elle; peut-être même contribue-t-elle beaucoup à leur ſalubrité. Lorſque les fruits ou ſubſtances ſoumiſes à la fermentation vineuſe, n'auront pas une acidité aſſez éminente, il convient d'y ajouter du tartre; c'eſt un ſel végétal doué de qualités très-avantageuſes à la ſanté; il eſt commun, à bas prix, & très-propre à préſerver long-temps les boiſſons vineuſes de toute altération.

La conſervation des boiſſons vineuſes à l'aide du tartre, eſt ſi aſſurée, que je conſeillerois de faire d'abord ces boiſſons moins acides, & de les porter enſuite, par ce moyen, au point d'acidité qu'on deſire.

On ſait que c'eſt par l'addition du plomb, ou de quelqu'une de ſes préparations, que les marchands empêchent les boiſſons vineuſes d'acquérir de l'aigreur, ou qu'ils la corrigent lorſqu'elle commence : mais on ſait auſſi que ce moyen les rend de pernicieux poiſons, & les loix n'y pouvant ſurveiller d'une maniere aſſez efficace, c'eſt une des raiſons qui doivent engager chaque particulier ou chef de famille à faire lui-même ſes boiſſons vineuſes.

On doit préférer l'addition du tartre crud mis en poudre, à celle du tartre purifié, parce qu'il ſe diſſout plus aiſément & qu'il coûte beaucoup moins ; ſes hétérogénéités ne ſont d'ailleurs nuiſibles ni à la ſanté ni à l'objet qu'on ſe propoſe. Cependant on préférera de le diſſoudre dans l'eau, toutes les fois qu'il faudra employer de l'eau pour extraire les ſucs des ſubſtances trop ſeches, ou délayer celles qui ſeroient trop rapprochées.

Un autre avantage de l'acidité, trop précieux pour n'en pas parler ici, eſt celui de reſſuſciter l'odeur, le bouquet des boiſſons que la vétuſté leur auroit fait perdre ; l'art a pareillement trouvé pluſieurs moyens d'accélérer cette vétuſté lorſqu'elle ſeroit avantageuſe.

Si beaucoup de ſucs ou matieres ſucrées végétales pechent par excès de ſubſtance ſaccharine, ou parce-qu'elles ſont trop rapprochées, un plus grand nombre peche par pénurie, & ſont délayées dans un trop grand volume de véhicules aqueux ; la ſeule route à ſuivre alors eſt de laiſſer deſſécher ſur la plante, au ſoleil ou à l'air, les fruits trop aqueux que l'on veut employer, ou de faire évaporer en partie, sur le feu, les sucs qu'on en aura obtenus, ou seulement une partie de ces sucs. Pour avoir une regle du degré d'évaporation, il conviendra de se servir d'un pese-liqueur ou aërometre de verre gradué : ce moyen, infiniment avantageux, est trop simple pour n'être pas à la portée de chaque particulier.

On observera ici en passant, & quoique les usages qu'on peut faire du raisin n'entrent point dans l'objet de ce mémoire, que dans les années si abondantes en vin que dans quelques provinces plusieurs propriétaires sont forcés de laisser perdre, en tout ou en partie, leur récolte, ils pouroient en tirer parti en faisant ainsi évaporer & réduire le mout, de maniere à pouvoir être conservé aisément & sous un plus petit volume. Baccius nous apprend, dans son traité des vins, que l'on épaississoit ainsi le suc du raisin pour l'usage des légions romaines, qui étoient envoyées loin des provinces de vignobles, & que l'on partageoit ce mout épaissi, entre les soldats, avec la hache; il étoit sans doute dissous ensuite dans l'eau, & subissoit une fermentation avant qu'ils en fissent usage. Quelle immense quantité de vin & d'eau-de-vie nous serions-nous conservés par les mouts épaissis de nos dernieres récoltes, qui ont été perdues ou abandonnées !

Au reste, au lieu de faire évaporer ou concentrer, par le feu ou la dessication à l'air chaud, le suc des fruits trop aqueux, on peut obtenir le même effet en faisant usage du suc épaissi d'autres fruits plus riches en matieres sucrées. C'est ainsi que les épiciers composent souvent des liqueurs vineuses, (qu'ils nomment ensuite vin d'Espagne, vin muscat, vin de Calabre) avec ce qui leur reste des provisions faites pour le carême, en raisins secs, figues, pruneaux, brignons, poires ou pommes dites tappées, qui sont vermoulues ou altérées, ou du moins qui le deviendroient dans lenrs boutiques. Ces substances, fermentant dans une quantité convenable d'eau, fourniroient des boissons qui n'auroient pas été toutes viciées, mais ce qui les rend nuisibles, c'est la trop grande quantité d'eau-de-vie qu'ils y ajoutent, & presque toujours dès le début avant la fermentation commencée, ce qui la ralentit beaucoup, ou s'y oppose entiérement; de sorte que ces boissons appellées vin, ne sont que de l'eau rendue spirirueuse par l'eau-de-vie, sucré par le corps doux des fruits secs qu'on y a mêlés, & aromatisée ensuite & colorée avec plus ou moins d'art.

Si les boissons vineuses éminemment acides ont quelques avantages dans les pays froids où le scorbut est fréquent, où les maladies inflammatoires sont aussi vives que communes, & où l'on fait acquérir à dessein cette qualité acide aux alimens végétaux les plus en usage; il n'en est pas de même dans nos climats: les boissons acides conviendroient, pendant toute l'année, à peu d'individus; l'art a trouvé, outre l'exsiccation rapide au soleil, ou le flétrissement du fruit sur la plante, plusieurs autres moyens de détruire cette acidité; il faut les faire cuire dans des fours, des étuves, & les faire dessécher promptement après avoir coupé en lames minces les fruits volumineux; plusieurs ont besoin, outre cette deſſication, d'une cuiſſon ou demi-cuiſſon dans l'eau ; enfin il en eſt d'autres qu'il convient de plonger dans une leſſive alkaline chaude. Ces procédés leur enlevent à la fois leur acidité, lenr âpreté & leur amertume. La ceriſe des montagnes de la Suiſſe, préparée ainſi, pourroit produire une boiſſon vineuſe potable, au lieu de celle dont les habitans ne ſe ſervent que pour en retirer l'eſprit ardent appellé kirkWaſſer.

La macération inſenſible fait acquérir auſſi à pluſieurs fruits une douceur & une ſaveur agréables que l'art donne à d'autres, tels ſont les fruits d'hiver en général & la ſorbe, la neſſle, le coin, &c.

Quant aux fruits cotonneux, étant ſoumis à la fermentation, ils ne fourniroient au plus qu'un vinaigre foible qui paſſeroit promptement à la putrefaction. Il ne faudra cependant pas les rejeter : on ſait que la coction donne une acidité très-mordante à l'abricot commun dont le goût eſt ſi cotonneux ; il en eſt de même de pluſieurs eſpeces de prunes : mais ſi on les emploie ſans les faire cuire, il faudra alors aſſocier les fruits fades avec ceux qui ont quelque parfum agréable, par exemple, le ſuc de la mûre du mûrier ordinaire, avec celui de la prune commune, ou de tout autre fruit plus riche en gomme qu'en ſucre.

Nous n'avons pas encore aclimaté les richeſſes botaniques étrangeres, propres à donner des boiſſons vineuſes, & les nôtres quelqu'étendues qu'elles ſoient, ne nous ſont pas toutes connues. Les anciens qui examinoient dans tous les ſens chaque découverte dans l'hiſtoire naturelle, & qui en ont tiré tant de matériaux pour l'agriculture, les arts & la médecine, n'ont pas été fréquemment imités par les modernes, qni ſe contentent preſque de les décrire & de les claſſer. Quoiqu'il en ſoit, nous n'avons pas les ſucs ſucrés fournis par des fruits à noyeaux, ni même ceux qu'on retire par l'expreſſion des moëles de pluſieurs végétaux qui abondent ſous d'autres climats.

Le cocotier fournit abondamment la liqueur vineuſe, appellée *ſouri*, dont on retire l'eſprit ardent appellé *rack*. Le ſuc d'une eſpece de canne donne en pluſieurs parties du globe le *veſou*, eſpece de vin dont on obtient le *taffia* & le *rum*. La mocle du *Bambou*, donne le *tabaxir*. On retire une pareille liqueur vineuſe des ſiliques du *caroubier*. Mais l'*hagine*, le *tereniabin* & pluſieurs autres eſpeces de manne ſeroient aſſez communes en pluſieurs cantons de la France, ſi l'on s'occupoit à les recueillir. La ſimple macération dans l'eau des feuilles, des bourgeons, des fleurs de beaucoup de nos arbres, cueillies en des temps favorables, donneroit certainement des liqueurs vineuſes, & cette macération pourroit auſſi s'appliquer à beaucoup de ſubſtances plus dures, ligneuſes même, pour en extraire le corps ſucré plus ſoluble que leurs autres principes & qui s'y trouve en abondance. C'eſt ainſi que *Margraff* a obtenu beaucoup de vrai ſucre des betteraves, des carvis, des panais, des navets & de pluſieurs autres racines potageres; C'eſt ainſi que la macération de la regliſſe & de pluſieurs graminées dans l'eau, ſoumiſe à la fermentation, nous a donné une boiſſon vineuſe agréable.

Les moyens du peuple ſeroient bien plus étendus encore, s'il s'occupoit à faire fermenter les ſucs ou les ſeves ſucrées de la grande quantité d'arbres qui en fourniſſent ſi abondamment au printemps, ſoit ſpontanément, ſoit après des inciſions faites à leurs troncs ou à leurs branches. Le frêne, le bouleau, le hêtre, l'érable donnent des ſeves qui ſe peuvent changer en vin, d'autant plus ſpiritueux s'ils étoient preparés convenablement que lorſqu'ils ſont abandonnés à eux mêmes, ils produiſent des acides qui remplacent les acides minéraux pour pluſieurs opérations des arts. Le *liber* ou ſeconde écorce des branches de ces arbres, étant maceré dans l'eau, peut fournir des boiſſons vineuſes dans tous les temps de l'année. L'infortuné Coock en a vu faire ainſi dans les iſles de la ſociété avec l'écorce du bouleau, & M. Kalm en a vu faire de même en Norwege. Celle de notre tilleul y paroît auſſi convenir, ainſi que ſes fleurs & toutes celles qui contiennent dans leurs nectaires le miel que les abeilles y vont chercher.

Ils ſeroit trop long d'indiquer tous les matériaux de cette claſſe qui pourroient être employés avec ſuccès pour cet objet; mais nous devons obſerver que la plupart d'entreux, n'étant recueillis qu'à des intervalles éloignés, la premiere partie ſeroit altérée avant qu'on eut la ſeconde, ſi l'on n'employoit le moyen que j'ai indiqué, le raprochement des ſucs par l'évaporation. Il y a plus : c'eſt que pluſieurs de ces ſucs ſont formés de ſubſtances ou mixtes hétérogenes, dont les genres de fermentation quoique différens ſe rapprochent ſi fort qu'ils ſe confondent, ce qui fait que pluſieurs liqueurs vineuſes qui produiſent beaucoup d'eſprit ardent, font cependant des boiſſons très-déſagréables. L'art préſente une reſſource excellente contre cet inconvénient : il faut ajouter à ces boiſſons un levain qui excite rapidement dans tout le corps ſucré le mouvement néceſſaire pour lui faire produire le ſpiritueux. La levure de biere eſt le levain qu'il convient de préférer pour cela, parce que c'eſt la matiere la plus abondamment pourvue d'air fixe, & que c'eſt la préſence de ce gaz qui retarde le plus la putréfaction, qui la retrograde même, & que d'ailleurs il donne & ſimule la ſpirituoſité.

Au reſte on ne doit pas craindre que ces boiſſons vineuſes ayent rien de déſagréable pour le goût ni pour l'odorat. Si Cartheuzer a reconnu que la fermentation détruiſoit l'amertume de la colloquinte, elle peut plus aiſément dénaturer des ſaveurs moins fortes; on vient d'ailleurs d'indiquer un grand nombre des correctifs qu'il ſera avantageux d'ajouter aux fluides fermentants pour en corriger les défauts; les vins faits avec le miel, la melaſſe & la manne prouvent qu'on y peut réuſſir. Si dans ce mémoire on n'a point rangé ces dernieres ſubſtances au nombre de celles qui conviennent le mieux pour compoſer des boiſſons vineuſes, c'eſt qu'elles ſont dans ce pays d'un prix trop haut, pour être à la portée du peuple.

Mais les ſemences farineuſes ouvrent un vaſte champ pour s'en dédommager. On a eu l'art, en ſuivant les procedés de la nature même, de déveloper dans ces ſemences une matiere très-ſucrée & aſſez abondante, que la déguſtation n'y eut certainement jamais fait ſonpçonner. Il ſuffit de les humecter & de les laiſſer entaſſées pendant quelques jours. La germination commence & tout eſt changé : ce qui formoit la farine devient un lait ſuave, qui dans cet état, s'il n'étoit employé promptement, aigriroit & pourriroit : mais on le conſerve à volonté après l'avoir fait ſecher au four ou à l'étuve, & l'on reduit le grain ainſi germé en gruaux, que l'on appelle *drêche*, & qui ſervent en Angleterre comme ailleurs à faire des boiſſons vineuſes dont le peuple fait un grand uſage.

C'eſt avec le maïs que les Péruviens font les leurs appelées *chica*, c'eſt avec le riz que les Chinois & beaucoup d'autres peuples aſiatiques compoſent leur *facki*. Le ſaraſin, l'épeautre & l'avoine forment des vins en pluſieurs cantons de l'Afrique ; c'eſt l'orge qui fait le *kislicſtchi* des Ruſſes ; le ſeigle fait leur *chkvas* appellé *quaz*, lorſqu'ils y ajoutent pour l'empêcher d'aigrir une eſpece de menthe qu'ils nomment *miata*. En Europe ces différentes boiſſons, de quelque eſpece ou claſſes de ſemence farineuſe qu'elles ſoient tirées, portent le nom de *biere*.

Nous ne nous diſſimulons pas que les bieres ne ſont que dans un très-petit nombre de provinces françoiſes à la portée du peuple : dans les autres, elles ſont encore trop cheres, & le peuple n'eſt pas accoutumé

tumé à leur amertume ; mais si chacun les fabriquoit lui-même à son gré, ces deux inconvéniens seroient levés.

Le celebre Coock faisoit fabriquer chaque semaine la quantité de biere dont il avoit besoin pour son équipage, & c'est à son usage ainsi qu'à l'exacte propreté que le docteur Forster attribue la santé dont ses matelots jouirent durant des voyages d'un si long cours.

Dans le nombre des ouvrages où il est traité de la fabrication de la biere, il faut principalement distinguer celui de M. Plieur d'Apligny ; on y trouve tout le détail d'un procédé au moyen duquel chaque particulier peut faire chez lui de bonne biere, propre à se conserver au moins un an sans altération, & dont les frais ne monteroient pas à six deniers la pinte.

Quant à l'amertume qui en éloigne plusieurs personnes, il sera facile de la corriger, d'après ce qui a été exposé dans ce mémoire, en y ajoutant du tartre, des fruits doux ou rendus tels, des sucs ou substances analogues, & en substituant à l'aromate amer que fournit le houblon ou le buis, d'autres saveurs plus familieres aux consommateurs, tirées des plantes, racines, fleurs, fruits ou semences usuelles. Les bieres deviendroient alors facilement des boissons agréables au peuple. Celui qui s'occupe d'un art, qui sait faire son pain, apprêter quelques alimens, ceux qui, à la campagne, exécutent des travaux agronomiques souvent très-difficiles, ne sauront-ils pas faire les bieres ou telle autre boisson vineuse dont nous avons parlé?

Toutes les fermieres angloises ne font-elles pas leur vin de groseilles, bien préférable à notre petit vin?

Outre les graminées & les farineux, l'art ne pourroit-il pas encore s'appliquer à essayer l'effet de la germination ou de quelqu'autre préparation sur les légumes proprement dits, sur les plantes ou racines tubéreuses, comme les pommes de terre & les *orchis*, sur la châtaigne qui devient si sucrée, étant seulement desséchée crue : mais, sans recourir à de nouvelles substances, nous sommes assez opulens, &, dans chaque province, l'emploi de celles qu'on possede en étendra encore la culture; nos haies, nos buissons peuvent en être formés, puisque nous avons fait connoître que les substances aigres, âpres & astringentes sont souvent nécessaires pour rendre les boissons vineuses plus agréables ou plus propres à se conserver. C'est ainsi que souvent, sans la grappe du raisin ou ses pellicules, on n'obtiendroit qu'un vin plat, foible & sans qualité.

Dans tout ce que nous avons dit, nous ne nous sommes point occupés des couleurs, parce que chaque saison donne assez de fruits, de baies ou de racines qui sont propres à composer & à colorer ces boissons; les cerises noires, les mûres de buissons, le fruit du cassis, la bette-rave, le tournesol, &c. D'ailleurs la couleur, étant indifférente, doit être abandonnée à la fantaisie de chaque individu.

Il nous reste à parler du lait; ce sont les Tartares Russes & Chinois qui nous ont appris que l'on en pouvoit facilement obtenir des boissons vineuses; les voyageurs leur ont vu employer pour cela le lait de jument. Nos essais sur le lait des différens animaux, en ont pareillement produit; & les pâtres avoient déja reconnu que le lait dont on avoit tiré le beurre, donnoit une sérosité acidule & vineuse qui enivroit les bestiaux auxquels on le donnoit à boire; mais l'on s'en est tenu là; pourquoi n'en tireroit-on pas l'esprit ardent comme font les Tartares? Le résidu seroit encore une boisson nourrissante & rafraîchissante pour les bestiaux. On pourroit, pour le distiller, employer comme eux une marmite un peu inclinée, fermée d'un couvercle qui déborde d'un côté où sont placés entre les jointures quelques brins de paille saillante, chauffée par un feu doux sous la partie de la marmite la plus élevée. Voilà leur alambic; l'esprit découle de la paille dans un autre vase; c'est avec des ustensiles aussi simples pour chaque procédé, que je voudrois que toutes les familles de journaliers dans la campagne, que celles d'artisans dans les villes, fabriquassent, dans tous les temps de l'année ou à leur choix, leurs boissons vineuses (*); par ce moyen elles ne seroient pas obligées d'en acheter de plus cheres ou de viciées; elles n'en manqueroient jamais, & ces boissons simples, dont la consommation

---

(*) On n'a encore que de très-foibles apperçus des produits spiritueux ou vineux, qu'on pourroit obtenir des substances minérales: les esprits inflammables qu'on tire du sucre de saturne ou de la terre folliée de tartre, existoient peut-être dans le vinaigre qui entre dans la composition de ces sels, & les combinaisons analogues formées par les gaz acides & inflammables en sont trop éloignées.

ſeroit continuelle & journaliere, ſans devenir jamais un objet de commerce, ſeroient par-là à l'abri de toute impoſition ; ce qui ſe concilieroit aiſément avec les intentions du Gouvernement pour ſoulager & favoriſer les pauvres.

DISCOURS
SUR LES CAUSES MORALES
DE LA DÉGRADATION
DE L'AGRICULTURE,
ET LES MOYENS D'Y REMÉDIER,

Par M. R*IEUSSEC*, *Avocat*, *&c.*

UN jardin délicieux fut le premier séjour des hommes : les fruits & les légumes que la nature y prodiguoit, furent leur premiere nourriture : des fleurs formerent la premiere parure, un berceau de myrtes fut le premier temple de l'amour : une touffe de cyprès, le premier tombeau. L'homme est né dans les champs, il est né pour les champs ; il dut y vivre & y mourir ; il dut sur-tout y vivre heureux : c'étoit le vœu de la nature : & depuis même que, moins féconde, elle n'accorde plus qu'à un pénible travail les dons que dans la jeunesse du monde elle offroit spontanément aux desirs, depuis que l'or & le fer ont emprisonné les hommes dans la fange des villes, ils ont toujours conservé cet amour de la campagne, ce goût pour les plaisirs champêtres, cette inclination pour les travaux de l'agriculture qui attestent encore leur origine & leur destination.

Le peintre ſublime des amours de Didon & de la ruine de Troye, chanta les bergers, les troupeaux & le labourage; Dioclétien refuſa d'abandonner ſes jardins pour reprendre l'empire du monde : & l'orateur de Rome, après avoir gouverné le peuple par ſon éloquence, & le ſénat par ſa ſageſſe, vaincu Catilina, démaſqué Verrès, & foudroyé Antoine, retourna cultiver ſon champ de Tuſculum; & du ſein de ſes travaux champêtres, on vit éclorre ſes méditations philoſophiques, le plus beau peut-être, & certainement le plus utile de ſes ouvrages.

Parmi nous, Racan & Fontenelle ont chanté les bergers & les bois; Bernis & St. Lambert ont chanté les ſaiſons; Voltaire préféra long-temps les jardins de Ferney, au faſte des cours; le vainqueur de Marſaille vécut en philoſophe à St. Gratien; & Dagueſſeau préparoit à Freſne, les plus ſublimes oracles de légiſlation & de juſtice, tandis que le héros de Fontenoy méditoit à Chambord, les principes de cet art deſtructeur dont ſes victoires avoient développé les redoutables effets.

Ainſi les grands & le peuple, les héros & les philoſophes, les orateurs & les poëtes ſe ſont accordés, dans tous les temps, à regarder l'agriculture comme la plus féconde, la plus agréable, la plus douce des occupations, la plus analogue à la nature de l'homme, la plus propre à le rendre heureux.

Cependant ſi vous conſidérez les campagnes, vous y cherchez en vain les Tircis, les Mélibée, les Mirtils : ces bergers amoureux, ces laboureurs fortunés n'exiſtent plus que dans nos Idylles; & l'on ne voit dans nos champs que des hommes accablés de travail, affligés par les privations, flétris par la pauvreté, qui mangent dans la tristesse & dans la douleur, un pain noir toujours arrosé de leurs sueurs, & quelquefois de leurs larmes.

D'où vient cette contradiction entre ce qui devroit être & ce qui est en effet? pourquoi, lorsque l'agriculture est le seul trésor sûr & inépuisable, l'agriculteur gémit-il au sein de l'indigence? pourquoi, lorsque la campagne dut être le séjour du bonheur, ses habitans sont-ils les moins heureux des hommes? quelles sont les causes morales de la dégradation de l'agriculture? quels en sont les remedes? c'est ce que je me suis proposé d'examiner.

Dans un siecle où l'Europe retentit des efforts de tous ses souverains pour la régénération de l'agriculture; dans un royaume dont le monarque, pere attentif & bienfaisant de tous ses sujets, traite les agriculteurs comme ses enfans les plus chers, & travaille sans cesse à assurer leur félicité, par des réglemens qui feront le bonheur du temps présent, le modele de tous les âges & le désespoir des nations rivales; dans une société qui doit s'occuper uniquement de cet art, le premier & le plus utile de tous, est-il un sujet plus digne d'attention? Je sens combien il me manque de talens pour le traiter dans toute son étendue; mais j'ai pensé qu'il étoit permis à tout citoyen de donner des preuves de son zele, à tout homme sensible de jeter quelques germes de bienfaisance & de justice, que des mains plus heureuſes & plus habiles pourroient développer un jour.

Pour découvrir les cauſes de la dégradation de l'agriculture, il ſuffit de connoître les mœurs des différens âges du monde.

La plus ancienne & la plus authentique des chroniques, les livres ſaints nous peignent Abel raſſemblant des animaux, cultivant un champ, & offrant à l'Eternel les prémices de ſes fruits ; les patriarches, conduiſant d'immenſes troupeaux, vivant de leur lait, s'habillant de leurs toiſons, ne connoiſſant de richeſſes que leur poſſeſſion & leur accroiſſement ; Jacob, après avoir travaillé quatorze ans pour obtenir celle qu'il aimoit, s'eſtimant heureux de ramener dans le ſein paternel, avec l'épouſe que ſon cœur avoit choiſie, les troupeaux que ſes ſervices lui avoient mérités.

Si je cherche dans Homere les mœurs antiques des Grecs, j'y vois les enfans des rois garder les troupeaux de leurs peres ; le fils de Priam, berger ſur le mont Ida, juger, la houlette à la main, de la beauté de trois déeſſes ; des princeſſes, filer & préparer elles-mêmes la toiſon de leurs brebis, pour en faire la parure de leurs époux & de leurs amans ; le roi Alcinoüs, cultiver des jardins utiles, & s'énorgueillir de la beauté de leurs fruits.

Enfin cette Rome, deſtinée à être la reine du monde, ne renferma, dans ſon origine, qu'un peuple de bergers & de laboureurs ; ſes héros cultivoient la terre, paſſoient de l'agriculture aux combats, & revenoient des combats à l'agriculture. Tel fut ce Cincinnatus, que l'Amérique s'énorgueillit d'avoir pu reproduire après plus de vingt fiecles, qui quitta le labourage pour voler à la victoire, reprit fa charrue après fon triomphe, & traça des fillons de cette même main qui venoit de fauver fa république & de lui affervir fes ennemis.

C'étoient alors les beaux jours de l'agriculture ; elle étoit le feul art, ou du moins le premier des arts : elle fut long-temps la feule richeffe, & toujours confidérée comme la plus précieufe : tous les hommes s'en occupoient : tout tendoit à fon bien & à fa fplendeur : libre, protégé, honoré même, l'agriculteur travailloit avec joie ; il trouvoit dans une abondante récolte qui lui appartenoit, le prix de fes travaux : il étoit heureux, & l'agriculture étoit floriffante.

Mais bientôt tout changea : le fer, qui n'eût dû fortir des entrailles de la terre que pour fervir aux inftrumens du labourage, devint, par un coupable abus, une arme meurtriere : le plus fort, après l'avoir effayée contre les animaux, la tourna contre fon frere, contre fon voifin, plus foible que lui : il lui dit : « Tu feras » le travail, & j'en prendrai les fruits. » Le foible travailla, & le fort recueillit.

Cette violence particuliere devint dans la fuite des fiecles un ufage commun. Sparte fut le premier gouvernement qui donna l'exemple funefte de faire cultiver fes terres par des efclaves : & fi on en excepte le plus ancien & le plus peuplé des empires où les ufages antiques fe font confervés, où la propriété s'eft maintenue dans fa plénitude, où chaque année un empereur, maître de cent millions d'hommes, laboure un champ de ſes propres mains, où la claſſe des laboureurs juſtement conſidérée, forme un ordre dans l'état, & fournit des mandarins, & dans lequel, par une ſuite néceſſaire de ces principes & de ces mœurs, l'agriculture eſt portée au plus haut point de perfection; peu-à-peu, dans preſque tout le reſte du monde, l'abus de Sparte fut érigé en ſyſtême.

Dans chaque conquête, le vainqueur enchaîna le vaincu à la terre dont il lui raviſſoit la propriété, le força de la cultiver, & s'en appropria la récolte.

Cet abſurde & funeſte uſage s'introduiſit dans les Gaules, avec la domination des Romains, devint un ſyſtême politique, lorſque les nations du nord qui les avoient déſolées, s'y fixerent, & enfin une loi de l'état lors de l'établiſſement des loix féodales.

Alors nos terres furent couvertes des adſcriptices, des ſerfs de corps, des ſerfs de main-morte, des ſerfs de la glêbe, des hommes de poëte, des vilains, & de cette foule d'êtres tous également infortunés, ſous des noms différens, tous ſi dégradés par leur ſervitude, que leurs maîtres, en les affranchiſſant, déclaroient qu'ils leur rendoient le ſens commun.

Alors l'agriculteur n'eut plus de propriété; ou s'il lui en reſta quelqu'une, elle fut ſi partagée, ſi dégradée, ſi dénaturée, que ce ne fut plus qu'une ombre de propriété; alors, dépouillé, eſclave, avili, plus malheureux ſans doute que les animaux, compagnons de ſes travaux ou confiés à ſes ſoins; parce que ſa conſcience intime, la nobleſſe de ſon être, ſon organiſation, ſon ame, image de la divinité elle-même, lui faiſoient ſentir plus vivement ſa dégradation & ſon infortune ; l'agriculteur ne fut plus un homme.

La dégradation de l'agriculteur entraîna celle de l'agriculture. Mépriſée, abandonnée à des mains qu'elle déshonoroit, elle ne fut plus un art, ou du moins elle fut le dernier des arts. Les ravages de la grêle & de la guerre ſont momentanés, laiſſent l'eſpoir d'un avenir plus heureux, & ſont en conſéquence promptement réparés ; mais la ſervitude éteint l'eſpérance, abat les forces, tient en langueur, entraîne le dépériſſement. Comment en effet, pour me ſervir des termes employés par notre monarque bienfaiſant, dans l'édit du mois d'Août 1779, comment des hommes *privés de la liberté de leurs perſonnes, & dépouillés des prérogatives de la propriété, auroient-ils cette énergie dans le travail que le ſentiment de la propriété la plus libre eſt ſeul capable d'inſpirer?* D'ailleurs, comment des infortunés à qui il ne reſte que la moindre partie de la récolte que leurs bras ont produite, qui ont à peine de quoi ſubſiſter, pourroient-ils faire chaque année, les avances néceſſaires pour aſſurer la fécondité de la reproduction? comment, à plus forte raiſon, pourroient-ils faire les avances multipliées qu'exigent le défrichement, la culture, l'amélioration des fonds incultes & ſtériles?

Ces cauſes de la dégradation de l'agriculture, ont été apperçues depuis long-temps par nos rois, dans ce ſiecle par pluſieurs ſouverains de l'Europe, & de nos jours par l'empereur : & dès que la ſource du mal eſt connue, il eſt aiſé de connoître les moyens de le réparer.

Je n'examinerai point ſi le ſyſtême féodal qui nuiſit également, dans ſon origine, aux ſujets & aux monarques, qui entraîna l'anarchie, & mit le royaume à deux doigts de ſa perte, eſt eſſentiellement lié à la conſtitution monarchique, ſi ce qui reſte de la féodalité, malgré les efforts bienfaiſans de nos rois, peut ſe concilier avec une agriculture floriſſante. Ce ſont des queſtions d'adminiſtration & de droit public, que le temps ne me permettroit pas de développer.

Je n'examinerai point ſi l'obligation impoſée en certains lieux, aux agriculteurs, d'aller moudre leurs grains, preſſer leurs raiſins, battre ou rouir leur chanvre, mettre en vente leurs denrées dans un lieu fixe & déterminé, à la charge d'en laiſſer une portion, n'eſt pas une gêne plus funeſte à celui qui la ſouffre, qu'utile à celui qui l'exige; ſi pour conſerver des lievres & des lapins qu'un ſeigneur, qui ſouvent habite à cent lieues, a le droit excluſif de pourſuivre, il eſt utile à l'état & avantageux à l'agriculture qu'un gentilhomme dépouillé des terres que ſes aïeux ont conſumées au ſervice, ſoit privé d'un exercice qui lui retrace l'image de la guerre & le prépare aux combats, & que le propriétaire ne puiſſe pas chaſſer de ſon fonds les animaux malfaiſans qui dévaſtent ſa récolte, le loup qui menace ſon troupeau, le renard qui détruit ſa baſſe-cour & le blaireau qui dévore ſa vendange. Ce ſont des ſervitudes minutieuſes en comparaiſon des grands objets que mon ſujet préſente.

Mais je dirai avec confiance, parce que ce ſont des principes d'une vérité évidente & d'une extrême importance, que dans un Royaume où le roi veille du haut de ſon trône ſur l'honneur, la vie & la fortune du moindre de ſes ſujets, où, graces à ſa vigilance paternelle, le laboureur n'a plus à craindre le fer des oppreſſeurs ni celui des ennemis : tous droits perſonnels payés à d'autres qu'au monarque, pour garde ou protection, ſous quelque dénomination barbare ou ridicule qu'on les ait déguiſés, ſont des droits qui n'ont plus de cauſe ni de motif légitime.

Je dirai encore que, depuis que tous les fleuves & les grands chemins appartiennent au roi, depuis qu'il entretient les ports, les atterrages & les routes, qu'il en maintient l'ordre & la ſûreté, les droits de péage & toutes les autres entraves que, dans des temps de barbarie, la féodalité avoit miſes à la liberté de la circulation des denrées & du commerce, ſont évidemment nuiſibles, & n'ont plus de motif, pas même de prétextes.

J'obſerverai enfin que le droit de vendre excluſiment pendant un certain temps, ou dans un certain lieu, une denrée quelconque (ſoit qu'il appartienne à un ſeigneur ou à des propriétaires privilégiés), eſt évidemment une altération, une diminution des droits eſſentiels des autres propriétés, puiſque le débit avantageux, ſeule récompenſe, ſeul encouragement de la culture, ne pouvant naître que de la plus entiere liberté des ventes, le droit de vendre ſes fruits, où, quand, à qui, & au prix qu'on veut, eſt autant de l'eſſence de la propriété que le droit de les recueillir ; & ce privilege eſt d'autant plus funeſte que, tandis qu'il dégrade le prix des denrées des propriétaires exclus ; il fait hausser, au préjudice des consommateurs, les prix des denrées des propriétaires privilégiés.

Il est incontestable que tous ces droits absorbent la portion des récoltes qui devroit être consacrée aux avances nécessaires pour cultiver & pour améliorer, par conséquent diminuent la reproduction, affoiblissent la culture des bons fonds, anéantissent celle des mauvais pour laquelle il ne reste plus de moyens au propriétaire, énervent & dégradent la propriété, & écrasent l'agriculture ; qu'ainsi ils sont destructifs de la prospérité publique, puisque l'abondance, la population, la richesse & la puissance de l'état dépendent essentiellement de la perfection de l'agriculture.

De tous ces principes, il résulte nécessairement que, depuis que la puissance royale a heureusement surnagé sur les débris de l'anarchie féodale, depuis que le monarque est devenu le maître de tous, l'unique protecteur, le seul défenseur, le pere commun de ses sujets de tous les ordres, les propriétés & les personnes ne devroient plus être assujetties qu'à deux droits, l'impôt dû à l'autorité souveraine pour les frais de l'administration tutélaire, de la défense, de la protection & du gouvernement, & la rétribution affectée aux ministres des autels pour le culte, l'instruction, les consolations, les conseils & les autres bienfaits qu'ils répandent.

Je n'ai pas besoin d'observer que je suis loin de confondre avec les droits qui n'ont plus de cause & de motif légitime, ceux auxquels sont soumis les habitans de certains lieux pour la jouissance des bois ou des pâturages communs, encore moins les droits de cens & de champart, portion de la récolte que la propriété utile eſt tenue d'abandonner à la propriété directe.

Peut-être pourroit-on tirer des communes un parti plus utile aux ſeigneurs & aux vaſſaux: mais tant qu'elles ſubſiſteront, tant que les vaſſaux en jouiront, il eſt évident que le prix de la conceſſion qui leur en fut faite, eſt un droit fondé & légitime.

Quant au cens, c'eſt certainement auſſi un droit légitime, reſpectable & ſacré, puiſqu'il eſt fondé ou du moins cenſé l'être ſur la tradition originaire du fonds.

Cependant, d'un côté, lorſque dans nos provinces où la plénitude de la propriété eſt de droit commun, où tous les fonds ſont réputés allodiaux, à moins qu'un titre contraire n'établiſſe leur ſervitude, on les voit preſque tous ſoumis à des directes, ne pourroit-on pas craindre que quelques-unes euſſent été créées à prix d'argent pour des emprunts, dont le capital eût été eſſentiellement rembourſable & l'intérêt réductible, mais dont le titre primitif, qui a diſparu ou qu'on fait diſparoître, ſe trouve remplacé aujourd'hui par des reconnoiſſances poſtérieures qui font uſurper, à un ſimple prêt, le nom & le caractere reſpectable du cens? Ne pourroit-on pas ſoupçonner que d'autres reconnoiſſances ont été ſurpriſes à l'ignorance ou à la foibleſſe, dans des ſiecles où l'on avoit ſans doute plus d'avidité & moins de délicateſſe que dans le nôtre.

D'un autre côté, le partage de la propriété en propriété directe, propriété fonciere & propriété utile, en fonds servans & en fonds dominans, divisant perpétuellement la propriété en droits intellectuels qui absorbent presque tout, & en droits utiles auxquels il ne reste presque rien, n'est-il pas évident que cette division est destructive de la plénitude, & par conséquent de la perfection de la propriété, puisque cette perfection consiste dans sa plénitude ?

Enfin, cette autre division qui donne à l'un la jouissance, & à l'autre la nue propriété, n'est-elle pas encore évidemment une diminution, & par conséquent une imperfection de la propriété dont l'essence est, suivant la loi, le droit d'user & d'abuser à son gré, de percevoir les fruits & d'aliéner le sol, de disposer librement & absolument du fonds & de tout ce qu'il produit : imperfection funeste, parce que personne ne veut faire les avances nécessaires pour les défrichemens, l'amélioration & même le maintien de la culture, par conséquent d'autant plus funeste qu'elle doit durer davantage, infiniment funeste, si elle doit durer toujours ?

Il faut qu'un sol soit bien fertile, pour que sa récolte puisse fournir aux avances foncieres, primitives & annuelles qu'exige sa culture, aux droits réels & personnels que doivent au seigneur le fonds & le cultivateur, aux rentes foncieres & obituaires dont il est encore souvent chargé, & donner en sus, après le prélévement de la dîme & de l'impôt, un produit net au propriétaire : aussi la plus grande partie des biens-fonds est à vendre, & ne trouve point d'acquéreurs. L'opulence oppressive dédaigne la propriété, & préfere d'absorber, par un intérêt

intérêt dévorant le peu qui reste aux propriétaires & les revenus de l'état : ainsi, il est sensible que toutes ces diminutions, ces divisions, ces imperfections de la propriété, sont les causes déplorables de la dégradation de l'agriculture, de l'avilissement de la propriété utile, & sont par conséquent d'autant plus dangereuses, que la propriété est la base de toutes les sociétés politiques, que la perfection de la propriété est la base de la prospérité publique, & par conséquent la perfection de tout gouvernement.

Le moyen le plus sûr qu'on puisse prendre pour régénérer l'agriculture, pour la porter au plus haut point de perfection & de splendeur, est donc évidemment la perfection de la propriété, la suppression de ses divisions, de ses imperfections, le rétablissement de sa plénitude, sa restauration dans l'état qu'elle reçut de la nature elle-même, lorsqu'à la naissance de l'agriculture, l'équité naturelle, le consentement général, assurerent la pleine & entiere propriété d'un champ & la libre disposition des fruits qu'il produisoit à celui qui l'avoit fertilisé, sans autre charge que le devoir naturel & juste, inhérent essentiellement à toute propriété, d'un tribut à l'état, d'une offrande aux autels.

Je sais que cette foule de droits de toute espece, usurpés dans l'origine, ces divisions, ces imperfections de la propriété sont légitimées par une longue suite de siecles, consacrées par une antique possession, & sont devenues elles-mêmes des propriétés importantes : & par conséquent je sais que, tant qu'elles subsisteront, elles sont aussi respectables, aussi sacrées que la propriété pleine & entiere, que la véritable propriété.

Mais aussi ceux qui les possedent sont convaincus, par une triste expérience, que tous ces droits, sur-tout les droits personnels & exorbitans, toujours odieux & souvent contestés, leur causent une multitude de procès dont un seul leur coûte quelquefois plus que ne vaudroient en capital tous les droits qu'ils prétendent; il est peu de seigneurs, dans nos provinces où ils sont obligés d'instruire leurs emphytéotes à leurs dépens & de prouver leur seigneurie, qui, s'ils calculoient ce que les droits de toute espece qui leur appartiennent, ont causé de frais à eux & à leurs auteurs pendant un siecle, ne reconnussent que la dépense en a absorbé entiérement le produit, &, même pour plusieurs, excédé la valeur du principal, & que ces droits ne sont vraiment utiles qu'à ceux qui, entendant seuls le grimoire indéchiffrable des terriers, & se chargeant indifféremment d'être les agens de celui qui exige ou les instigateurs de celui qui refuse, s'enrichissent toujours des pertes de tous deux; d'ailleurs, dans cette généralité où toutes les directes sont mêlées, presque tous les seigneurs sont eux-mêmes emphytéotes; par conséquent, ils sont presque tous intéressés, à raison de leurs biens ruraux, à l'affranchissement des servitudes féodales, au rétablissement de la plénitude de la propriété.

Si, après toutes ces réflexions, on se rappelle qu'en juillet 1315, Louis Hutin donna un édit rapporté par le président Hénault, dans lequel on lit: « Comme, » suivant le droit de nature, chacun doit naître franc, » considérant que notre royaume est dit & nommé le

» royaume des Francs, & voulant que la chose, en » en vérité, soit accordante au nom, ordonnons que » généralement dans tout notre royaume, franchise » soit donnée à bonnes & convenables conditions. » Si on se rappelle encore que tous les rois ses successeurs ont travaillé à diminuer, à adoucir les servitudes féodales; que Louis XV a ordonné le remboursement d'une foule de péages, supprimé des droits onéreux de halles, de foires & de marchés, qu'il affranchit les terres défrichées, du droit de dîme, pendant les quinze premieres années de leur culture; que sous le ministere de M. l'Abbé Terray, il a affranchi des droits de contrôle & d'insinuation, le rachat des rentes foncieres; & que sous ce regne, marqué au coin de la bienfaisance & de la justice, Louis XVI a invité les seigneurs à affranchir tous les serfs qui restoient dans les provinces ajoutées à son empire, leur en a donné l'exemple en affranchissant tous ceux de ses domaines, & a absolument éteint & supprimé ce droit odieux de poursuite que le seigneur exerçoit sur ses serfs & sur leurs biens jusques dans les lieux de liberté; si, à ces bienfaits de nos rois, on ajoute que quelques coutumes autorisent le rachat de certaines rentes foncieres; que dans d'autres provinces, au moment où des droits seigneuriaux sont vendus, les emphytéotes peuvent s'en affranchir en remboursant leurs prix aux nouveaux propriétaires, sur le pied de leur acquisition; si enfin, en jetant un coup-d'œil sur les nations voisines, on considere qu'en Savoie, le roi de Sardaigne a anéanti tous les droits féodaux, par un remboursement que chaque communauté à fait par la voie de l'impoſition, & que l'empereur les modifie dans ſes vaſtes états, on ſera convaincu que, ce qui eſt permis dans certaines provinces, ce que nos rois ont déja exécuté dans quelques parties, ce qui ſe fait aujourd'hui dans pluſieurs pays de l'Europe, pourroit par conſéquent s'effectuer en France par des moyens doux, équitables, qui ne porteroient aucune atteinte aux droits ſacrés & reſpectables de la propriété, qui, au contraire, feroient l'avantage commun du ſeigneur & du vaſſal.

Par exemple, une loi qui défendroit, pour l'avenir, toute diviſion de la propriété, qui ordonneroit que tous les actes qui la transféreront dans la ſuite, la transféreront pleine & entiere, qui autoriſeroit & faciliteroit les affranchiſſemens volontaires, qui, pour les encourager, les exempteroit du contrôle & de l'inſinuation, comme Louis XV en a exempté les rentes foncieres, qui enfin permettroit aux communautés, aux emphytéotes, aux débiteurs de racheter, lors de la vente d'une ſeigneurie, ſur le pied du prix porté par le contrat, tous les droits réels & perſonnels, les cens & les rentes foncieres qu'ils peuvent lui devoir, ne feroit aucune violence, ne bleſſeroit aucune propriété, ne léſeroit perſonne, & peut-être, dans moins d'un ſiecle, rétabliroit univerſellement la plénitude de la propriété.

Ce feroit ſans doute le moyen le plus puiſſant de régénérer l'agriculture, de lui rendre ſa perfection, ſa ſplendeur & ſa fécondité. Mais ſi cet eſpoir n'étoit qu'une douce chimere à laquelle il fallût renoncer; ne feroit-il pas poſſible au moins de remédier à deux des plus grands inconvéniens des droits féodaux, leur imprefcriptibilité, l'accumulation de leurs arrérages jufqu'à 29 années.

Un particulier jouit, de temps immémorial, d'un fonds fans en avoir jamais connu aucun feigneur : il l'a cru, il a dû, fur la foi du droit commun, le croire allodial : cependant, fous prétexte d'un terrier indéchiffrable qui remonte à quatre ou cinq fiecles, & dont l'adaptation eft toujours plus obfcure & plus difficile à raifon de fon ancienneté, on vient lui demander un lods, un mi-lods, des arrérages de fervis, qui valent fouvent plus que fon fonds.

Il refufe, parce qu'il croit ne pas devoir : il faut des experts pour l'adaptation du titre : jamais ils ne font d'accord : un troifieme furvient : & fouvent, par leurs avis refpectifs, l'obfcurité s'augmente : le réfultat eft toujours une maffe énorme de frais, & la ruine entiere de l'agriculteur, s'il fuccombe.

D'autres fois, c'eft entre deux feigneurs que le combat s'engage : alors l'emphytéote, proie infortunée du vainqueur, voit triftement leur combat, plus vif encore par la multiplicité de leurs titres : pour obtenir un foible droit, tous deux confument leur fortune : le vainqueur paie cher fa victoire, le vaincu perd fouvent plus que la valeur de tout fon terrier.

Si le cens étoit prefcriptible par un certain nombre d'années, les titres plus récens feroient plus clairs, plus précis, fufceptibles d'une adaptation aifée & inconteftable. L'emphytéote connoiffant toujours fon feigneur, ne contefteroit jamais fa directe ; & l'on ne verroit plus de ces procès ruineux qui réclament ſans ceſſe contre les droits qui en ſont la ſource funeſte.

Le Dauphiné & la Breſſe ont admis, contre le ſeigneur, en faveur du propriétaire, la libération du droit de cens par la preſcription de cent ans, &, quelque long que ſoit le laps d'un ſiecle, cette juriſprudence y rend infiniment rares les procès en déſaveu & en diſceptation de directe, qui ſont la matiere de la plus grande partie des conteſtations dans nos provinces, & ſur-tout dans le Forez & le Beaujolois.

La Breſſe & le Dauphiné ont encore admis la preſcription des arrérages du cens par cinq années; cet uſage, qui n'a rien de funeſte pour le ſeigneur, puiſqu'il ne perd rien de ſon droit, qu'il l'aſſure au contraire, en le percevant plus ſouvent, eſt très-ſalutaire à l'emphytéote; s'il ne l'affranchit pas de droits onéreux, il aſſure du moins ſa tranquillité.

Tel qui peut payer chaque année dix meſures de grains, ne pourra plus en payer trois cents au bout de trente ans : & que deviendra-t-il, ſi à ce fardeau qu'il ne peut ſupporter, ſe joignent des lods ou des mi-lods accumulés dans l'intervalle? Alors il conteſte pour reculer le paiement, un droit qu'il auroit reconnu, s'il eût pu y ſatisfaire; quelquefois il faut vendre un domaine entier pour payer le cens d'un ſeul fonds; & ſouvent, par un oubli involontaire ou perfide, une famille infortunée eſt chaſſée de ſon patrimoine, & réduite à la mendicité.

Et, ce qui ſeroit bien plus cruel, n'eſt-il pas poſſible qu'un agent ait perçu, vingt-cinq ans auparavant, ce que le seigneur demande de bonne foi, parce qu'il ignore ce que son agent a fait, & que l'emphytéote ne peut pas prouver sa libération dont le titre est perdu.

Ah ! si la prescription est la protectrice tutélaire du repos des hommes & la sureté des propriétés, c'est sans doute contre des charges aussi onéreuses & aussi funestes qu'il devroit être permis de l'invoquer : &, si on l'a admise pour les arrérages des rentes constituées, contrat plus favorable, parce que le débiteur peut toujours se libérer, pourquoi ne l'admettroit-on pas pour toutes les autres especes d'arrérages dont l'accumulation est aussi funeste au débiteur, sans pouvoir jamais être avantageuse au créancier ?

Un autre inconvénient, qui paroît bien bizarre quand on y réfléchit, c'est que souvent l'emphytéote ne peut ni voir ni connoître matériellement la mesure qui doit fixer les redevances auxquelles il est assujetti : dans ces temps d'anarchie, où chaque seigneurie vouloit s'isoler, & former dans l'état un état séparé, chaque seigneur avoit imaginé d'avoir sa mesure particuliere. Cette mesure sert encore à déterminer la quantité des denrées que les personnes & les fonds mouvans de son fief lui doivent annuellement, suivant l'énonciation de ses terriers : mais aujourd'hui il n'existe aucun type original de la plupart de ces mesures ; on ne les connoît plus que par une tradition vocale de leur rapport avec les mesures existantes, & cependant on exige & on paie sur le pied de ces mesures imaginaires. De là naissent une foule de procès pour fixer le rapport des mesures idéales aux mesures réelles, sur-tout lorsque l'emphytéote croit que, dans le même lieu, la mesure de la Tour étoit plus petite que la mesure actuelle du marché, & par conséquent, que la mesure censuelle doit être moindre que la mesure marchande : & cet inconvénient n'est pas le seul qui résulte de cette diversité.

Si, sans exprimer à quelle mesure on traitoit, on a acheté dans un lieu vingt bicherées d'un fonds situé dans un autre, si on a acheté dans une ville, d'un habitant d'un village, cent bichets de grains qui doivent être délivrés dans un troisieme marché, si les mesures de ces lieux différens sont différentes, entr'elles, de laquelle se servira-t-on ? & de laquelle qu'on se serve, l'un des deux ne sera-t-il pas trompé ?

Une loi assez récente avoit ordonné qu'il seroit dressé dans chaque bailliage, des procès-verbaux des différentes mesures : cette loi sembloit présager leur uniformité, qu'il étoit facile d'établir, sans léser personne, dès qu'on auroit irrévocablement fixé le rapport de toutes les mesures, à celle qu'on auroit voulu conserver ; mais cette loi est demeurée sans exécution.

Des savans ont recherché, dans ces derniers temps, quelle seroit la meilleure & la plus invariable des mesures : on doit des éloges à leur zele ; mais il est sûr que la plus mauvaise mesure, si elle étoit uniforme, seroit infiniment préférable à leur variété.

D'autres ont prétendu que la diversité des mesures étoit utile au commerce : comment les croire, lorsqu'il est certain, d'un côté, qu'il ne peut en résulter que des ſurpriſes, qu'elles ne peuvent ſervir que la mauvaiſe foi ; & de l'autre, que le commerce doit au contraire avoir pour baſe eſſentielle de ſes opérations, la bonne foi & la vérité.

C'eſt, ſans contredit, la vérité, la bonne foi, l'exactitude dans les marchés, & non pas les moyens de fraude & de ſurpriſe, qu'il importe de maintenir parmi les hommes, pour entretenir entr'eux la confiance & la paix, pour étouffer la diſcorde, pour prévenir les procès.

Comme les ſervitudes féodales & les diviſions de la propriété, ſources funeſtes de ſon imperfection, ſont la cauſe de la dégradation de l'agriculture, les procès en ſont le fléau le plus cruel & le plus dangereux.

On a beaucoup écrit contre le déplacement des richeſſes, occaſionné par le luxe : combien de choſes plus fortes, plus vraies, plus utiles on auroit pu dire ſur les dangers du déplacement des richeſſes, occaſionné par les procès !

L'agriculteur doit conſacrer tout ſon temps, toute ſon attention à la culture de ſes terres, tout ſon argent aux avances néceſſaires à la reproduction. A-t-il un procès, il l'abſorbe tout entier, ſon temps ſe perd en courſes infructueuſes, ſes refléxions ſe concentrent dans ſes moyens de défenſe, ſon or ſe métamorphoſe en papiers ſtériles ; ainſi ſa culture languit, & bientôt ſon champ privé des agens précieux de la végétation, le travail & l'engrais, perd ſa fertilité & annonce d'avance par ſa dévaſtation, la ſaiſie réelle qui doit le devorer après le jugement.

Triste fruit du procès, si le décret arrive! Le pere chassé de sa maison, ne sera plus qu'un manœuvre dont les mains mercenaires & accablées sous le poids de ses douleurs, cultiveront mal un champ qui ne sera plus à lui : ses enfans oisifs & mendians seront bientôt peut-être au nombre des coupables.

Il n'y a pas d'année où plusieurs familles d'agriculteurs ne soient ainsi enlevées à l'agriculture; & quelle perte inestimable pour l'état, dont la grandeur consiste dans le nombre des sujets, dont la force dépend de l'amélioration de sa culture, dont la splendeur doit être le fruit de l'aisance de tous!

On a répété cent fois ces tristes vérités; on en est convaincu : n'est-il point, soit dans l'ordre des jurisdictions, soit dans les loix qui doivent fixer les jugemens, soit enfin dans les formes qui doivent les préparer, de moyens de prévenir des maux aussi funestes?

Pour connoître le fondement de l'ordre actuel des juridictions, consultons l'histoire : nous verrons les officiers chargés de rendre la justice, s'en arroger la propriété dans des temps de trouble & d'anarchie, s'ériger en seigneurs ou plutôt en souverains des lieux dont ils n'étoient que les magistrats. La subversion est totale : le royaume morcelé est affoibli par sa division & sa subdivision en une foule de petits états, qui tous affectent l'indépendance : la monarchie en est ébranlée; le Monarque dépouillé de presque toutes ses prérogatives, sans autorité pour former ou pour faire exécuter des loix, paroît réduit à un vain titre. Ce désordre dure plusieurs siecles; cependant les rois cherchent à profiter de différentes occaſions pour recouvrer leurs autorités; ils établiſſent, pour recevoir les appels des jugemens des Seigneurs, les bailliages royaux qui reſſortiſſent eux-mêmes au parlement : les vaſſaux opprimés par leurs ſeigneurs, apprennent à regarder le ſouverain comme leur protecteur; le recours aux bailliages royaux s'établit. Les ſeigneurs des grands fiefs ſoumis à l'appel, perdent cette ſouveraineté de fait qu'ils avoient uſurpée : mais il reſte aux habitans de la campagne, trois degrés de juridiction, tandis-que ceux des villes n'en ont que deux à parcourir.

Ainſi, il faut à l'agriculteur, dont le temps & le bon emploi de l'argent ſont le plus eſſentiels à l'état, un tiers de temps & un tiers d'argent de plus qu'à l'habitant des villes pour faire juger le même procès.

Deux degrés de juriſdiction ſont utiles pour corriger les défauts d'inſtruction, ſi les défenſeurs ſe ſont égarés en premieres inſtances, ou pour réparer l'erreur du premier juge, ſi c'eſt lui qui s'eſt trompé : mais à quoi peuvent ſervir trois jugemens?

Ne ſeroit-il pas naturel & juſte de mettre tout le contentieux indiſtinctement au nombre des cas royaux, d'ordonner que tout procès conteſté ſera porté directement dans les bailliages?

L'agriculteur auroit une inſtance de moins à ſoutenir, une meilleure inſtruction & ſur-tout des lumieres plus ſûres avant d'entamer un procès. Tous ceux qui ne doivent leur origine qu'à l'humeur & à la paſſion, qu'on ne commence que parce qu'il eſt facile de les entamer, parce qu'on eſt entraîné par l'erreur du moment, qu'on ne pourſuit que parce qu'on les a commencés, ſeroient étouffés avant de naître : l'erreur ſe diſſiperoit, les paſſions ſeroient calmées par le temps, le voyage & les obſervations d'un conſeil déſintéreſſé.

L'attribution de tous le contentieux des campagnes aux bailliages royaux, ſeroit un bienfait pour l'agriculture, & ne feroit aucun tort aux ſeigneurs.

Les droits honorifiques, utiles ou agréables, ſeuls importans pour eux, les honneurs dans l'égliſe, les cens, les droits perſonnels, la chaſſe, la pêche, la diſtribution des eaux, les épaves, la voierie, la police, pourroient tous ſubſiſter ſans la juriſdiction contentieuſe : nos ordonnances ont attribué excluſivement aux juges royaux la connoiſſance des ſubſtitutions, des matieres béneficiales & ecclésiaſtiques, des dîmes, des droits ſeigneuriaux & des crimes les plus atroces : le feu Roi ordonna que dans toute eſpece de crimes, le ſeigneur feroit informer, & que ſur cette information, les procès criminels ſeroient inſtruits & jugés dans les bailliages : ces ordonnances, ce dernier édit qui dépouilloit les juſtices ſeigneuriales, de tout le grand criminel, leur ont-ils ôté quelque choſe de leur éclat, de leurs prérogatives réelles, de leur prix ? Que peut en effet y ajouter le jugement des conteſtations dans lequel il eſt défendu au ſeigneur de s'immiſcer, auquel il n'a d'autre rapport que d'avoir nommé le juge qui prononce ? Si tout le contentieux indiſtinctement étoit aſſimilé à ce qu'on appelle aujourd'hui les cas royaux, les ſeigneurs, loin d'y perdre, y trouveroient l'avantage d'être déchargé des frais qu'entraîne la punition des crimes de leurs vaſſaux, & de n'être plus reſponſables de l'impéritie ou de la méchanceté des juges qu'ils choiſiſſent.

Et ces juges dont Loyſeau qui réclamoit il y a deux ſiecles contre l'abus des juſtices de villages, diſoit, entr'autres choſes, avec une liberté & une naïveté qu'on ne ſe permettroit pas aujourd'hui, que c'étoient des praticiens non lettrés ni expérimentés, qui, juges dans une juſtice, procureurs fiſcaux dans une autre, greffiers dans une troiſieme, ſergens dans une quatrieme, poſtulans dans vingt autres, & trop ſouvent ſous un nom emprunté dans celle où ils ſont juges, uniſſant ſans aucune autre capacité qu'un peu de routine, une multitude de fonctions évidemment incompatibles, étoient ſur-tout incapables des fonctions auguſtes & ſublimes de juges qu'ils ambitionnoient le plus, ces juges de villages, quelque différens qu'ils puiſſent être aujourd'hui de ceux que peignoit Loyſeau, quelle que ſoit leur capacité, ne feroit-ce pas aſſez pour eux d'être chargés de la police, de la voierie, des informations, des tuteles, des curatelles, des inventaires, & de tous les autres actes de juriſdiction qui n'ont rien de contentieux ?

D'un autre côté, tandis que c'eſt une maxime triviale dans les tribunaux, que perſonne ne peut s'excuſer ſur l'ignorance du droit, parce qu'il eſt honteux de l'ignorer, cependant les loix romaines ſont notre droit municipal, & ces loix ſont écrites en latin. Les agriculteurs qui plaident, les praticiens qui inſtruiſent, le praticien qui juge, ignorent tous également cette langue morte depuis près de dix siecles. Ainsi le procès se juge à la campagne, sans que ni les plaideurs, ni leurs défenseurs, ni le juge, aient connu le texte de la loi qui doit fixer la décision; & ces loix romaines reglent non seulement parmi nous, les successions & les contrats, mais sont encore la base de presque tous les jugemens en matiere d'agriculture.

Voulez-vous connoître le droit sur les limites de votre champ, sur les haies qui le confinent, sur les arbres qui s'élevent près de ses extrémités, sur la propriété des animaux qui embellissent votre parc ou votre basse-cour, sur les dommages que ceux de vos voisins peuvent faire dans vos fonds, sur la distribution des eaux qui doivent fertiliser vos prairies, rafraîchir & orner vos jardins, ou abreuver vos troupeaux, sur les chemins qui conduisent à vos domaines, sur la maniere d'acquérir, de perdre & d'exercer les droits de servitudes rurales, d'usage ou d'usufruit, sur les obligations respectives du fermier, du colon partiaire & du propritaire? c'est au droit romain qu'il faudra recourir; & ce droit admirable sans doute, & digne, par la sublimité de sa morale, par la collection universelle des principes du droit naturel qu'il renferme, d'être le type de toutes les législations; ce droit, composé de loix promulguées, il y a quinze siecles, à mesure de besoin, pour un autre peuple & un autre climat, a non seulement l'inconvénient d'être rédigé dans un idiôme étranger, mais il a encore celui d'être très-incomplet sur les matieres d'agriculture.

Nos ordonnances y ont peu ſuppléé, & à l'exception de quelques réglemens ſur la vente des denrées, heureuſement abolis par la ſageſſe de Louis XVI, d'une loi ſur les domeſtiques dont des maîtres injuſtes n'abuſent que trop ſouvent, de quelques diſpoſitions de l'ordonnance des eaux & forêts ſur l'aménagement des bois, contre leſquelles les foreſtiers les plus inſtruits réclament hautement de nos jours, nous ne trouvons rien dans nos ordonnances ſur les matieres d'agriculture.

Le parlement de Paris a donné, depuis quelques années, des réglemens utiles ſur les pâturages, ſur la quantité de troupeaux que chaque propriétaire peut avoir, pour la deſtruction des chenilles, pour abolir l'uſage abſurde de ſonner à volée, dans l'eſpoir de détourner un orage, les cloches dont le mouvement devoit néceſſairement le faire créver plutôt, & ſouvent ſur le clocher même; pour prévenir les dangers de ces fêtes baladoires, qui finiſſoient preſque toujours par des combats ſanglans, & pour d'autres objets importans.

Mais combien en eſt-il encore qui reſtent abandonnés à une incertitude affligeante! La plus mauvaiſe loi ſert de regle tant qu'elle ſubſiſte, & par conſéquent eſt préférable à l'incertitude qui ne préſente point de regle ſûre, & laiſſe dans les déciſions un arbitraire quelquefois funeſte & toujours odieux.

Sous le regne de Louis XIV, les formalités civiles & criminelles, les aides, les eaux & forêts, les fermes, la marine, le commerce, d'autres matieres encore, ont eu leurs ordonnances propres & particulieres : il en eſt réſulté les plus grands avantages; & malgré ſes défauts, qui tiennent à ſon ſiecle, où les principe du négoce étoient moins connus, l'ordonnance du commerce eſt l'époque de ſa proſpérité & de ſa ſplendeur en France.

Sous Louis XV, les actes qui conſtatent l'état des hommes, les donations, les ſubſtitutions, les teſtamens, les acquiſitions des gens de main-morte, ont eu leurs ordonnances. Nous devons aux dernieres années de ſon regne, & à l'adminiſtration de M. l'abbé Terray, ces atteliers de charité, inſtitution ſage & bienfaiſante qui, écartant à la fois la miſere & l'oiſiveté, en faiſant de la ſubſiſtance le prix du travail, reproduiſent la richeſſe, en faiſant circuler les bienfaits.

Déja le regne de Louis XVI s'eſt ſignalé par des loix au moins auſſi utiles & auſſi bienfaiſantes que celles de ſes prédéceſſeurs, & trop multipliées pour qu'on puiſſe en préſenter le détail. Remarquons ſeulement que les corporations d'arts & métiers & les manufactures, ont eu leurs réglemens adaptés à leur état actuel; que pluſieurs manufactures ont été portées & encouragées dans les campagnes; c'eſt un bienfait important pour l'agriculture, dont la proſpérité eſt ſi eſſentiellement liée à celle du commerce, qu'il eſt impoſſible, dans les provinces méditerranées, d'avoir un commerce ſans agriculture, ni une agriculture ſans commerce. Mais le bienfait le plus ſignalé, le plus important que les agriculteurs puiſſent eſpérer de la ſageſſe d'un monarque qui les protege & qui les aime, ſeroit une ordonnance qui, renouvellant tout ce qu'il y a de ſage dans les loix anciennes, réformant ce qui ne convient plus à nos mœurs, ajoutant ce qu'elles ont omis,

omis, formeroit un corps de loix pour l'agriculture, si complet, qu'il fût défendu d'en citer jamais d'autre, d'en prendre aucun autre pour base des jugemens.

Sans doute cette loi donneroit des moyens doux & équitables d'éteindre les servitudes de toute espece ; & si le législateur considéroit comme un mal nécessaire ces imperfections, ces diminutions de la propriété qui l'anéantissent en la morcelant, il y mettroit des bornes, il fixeroit la maniere d'en jouir & de les conserver, il en faciliteroit la libération ; & du moins, il abrégeroit la prescription de ces arrérages dont l'accumulation est si ruineuse & si funeste.

Cette loi sans doute, fixeroit sur-tout des regles certaines pour la jouissance & la distribution des eaux qui, destinées, par la nature, à fertiliser les fonds qu'elles avoisinent, ne ruinent que trop souvent les propriétaires qui se disputent ce germe de fécondité ; elle détermineroit quels sont les chemins utiles qui doivent être conservés, leur largeur, & les moyens de les entretenir, & faciliteroit la suppression de ces anciennes voies que de nouvelles routes ont rendues inutiles, & de cette multitude de sentiers, de passages, de chemins, de dessertes, qui dérangent les fonds, diminuent la culture, & nuisent trop souvent à ses progrès.

Sans doute, elle régleroit clairement & expressément les obligations respectives du propriétaire, de ses fermiers, de ses colons partiaires, les avances dont chacun d'eux doit être tenu à raison de sa propriété & de sa jouissance, les cas de résiliation, les indemnités qu'ils peuvent respectivement se devoir, les devoirs des maîtres & des cultivateurs qui les aident dans leurs travaux.

Sans doute elle assureroit la conservation des récoltes en écartant les troupeaux & les malfaiteurs, & par la destruction des animaux malfaisans de toute espece. Et peut-être la bonté & la justice du monarque le détermineroient à permettre la chasse, comme exercice noble & utile, à cette noblesse généreuse, dont le courage met nos champs à l'abri de l'invasion des ennemis, & comme droit naturel d'une légitime défense, aux propriétaires, pour écarter de leurs récoltes & de leurs troupeaux les bêtes sauvages qui les détruisent.

Sans doute elle procureroit au cultivateur le prix le plus avantageux de ses denrées, en lui assurant la liberté absolue de les vendre indistinctement dans tous les temps, dans tous les lieux & à toutes sortes de personnes, en affranchissant leur vente & leur circulation, de toute gêne, de toute entrave & de toute charge.

Sans doute cette loi ne dédaigneroit pas de s'occuper des animaux si essentiels à l'agriculture, au commerce, à la nourriture des hommes, & des pâturages si nécessaires aux animaux; elle fixeroit la maniere de les acquérir & de les perdre, suivant leurs différentes especes, la quantité que chacun pourroit en avoir, le riche, en proportion de l'étendue de sa propriété, le pauvre, en proportion de ses besoins, la réparation de leurs dégâts, les lieux destinés à leurs pâturages: & seroit-il possible qu'elle leur abandonnât vainement ces vastes terreins si inutiles aujourd'hui comme communes, & que la culture pourroit rendre ſi importans?

Ah! ſans doute elle s'occuperoit de la juriſdiction: & pouvons-nous croire qu'elle en laiſſât ſubſiſter inutilement trois degrés ruineux : & ſi elle s'occupoit de l'ordre des juriſdictions, pourroit-elle en négliger la forme?

La diſcuſſion des biens d'un débiteur entraînera-t-elle à jamais tant de frais, qu'il ſoit inutilement dépouillé de ſa propriété, dont le prix, abſorbé par ces frais toujours privilégiés, ne laiſſe au créancier, fruſtré de tout eſpoir, que le regret ſtérile d'une pourſuite rigoureuſe qui ne lui produit rien?

Ne ſera-t-il jamais poſſible qu'un agriculteur puiſſe réclamer des droits juſtes ſans s'expoſer à un procès ruineux, qu'il n'en ſoit point de plus diſpendieux que ceux qui roulent ſur des matieres d'agriculture, quoiqu'en général les objets en conteſtation n'aient preſque point de valeur réelle?

Ce ſont, pour l'ordinaire, quelques dégâts cauſés par des animaux domeſtiques, un buiſſon, un arbre trop voiſin de deux fonds différens, une limite, une ſervitude, une priſe d'eau. Après une procédure volumineuſe, le juge ordonne un rapport d'experts : un greffier, qu'on nomme greffier *de l'écritoire*, parce qu'il a le droit excluſif de noircir le papier des rapports, ſuivi de deux experts, qui n'ont ſouvent d'autre expérience que d'en avoir acheté le titre, arrive ſur le terrein contentieux; on le décrit parfaitement par les points cardinaux, les noms des propriétaires voiſins, les tenans, les aboutiſſans, la forme, la meſure, les angles, les ſinuoſités : enfin la deſcription eſt ſi exacte, qu'avant qu'elle ſoit finie, la valeur du champ eſt conſommée. Surviennent les dires des parties : enſuite l'avis des experts : pour l'ordinaire chacun a le ſien, qu'il faut rédiger ſéparément, & dont la diſcordance en exige un troiſieme. Et ſi les parties ſont encore diſcordantes ſur des faits eſſentiels à conſtater, il faut une enquête dont les préambules & les clôtures emportent, au moins, autant de temps que les dépoſitions des témoins, qui, ſe répétant ſouvent, pourroient être ſommairement rédigées en une ſeule.

Ne ſeroit-il pas poſſible de ſubſtituer à ces formes longues & coûteuſes, des formes ſimples & preſque gratuites ? Nous avons adopté les loix des Romains : pourquoi n'adopterions-nous pas, pour l'agriculture, la ſimplicité de leurs formes primitives ?

Le demandeur expoſoit ſa prétention : le défendeur mettoit au bas ſa réponſe ; & ſi la queſtion devoit ſe décider par le droit, le juge faiſoit écrire au-deſſous ſa ſentence : ſi, au contraire, la déciſion dépendoit de l'examen du local, le juge forçoit les parties à convenir d'arbitres qui ſtatuoient ſommairement & ſans frais.

Nos ordonnances obligent les freres & les aſſociés, parce qu'ils doivent ſe conduire en freres, à convenir d'arbitres dans leurs conteſtations : pourquoi n'y obligeroient-elles pas les agriculteurs ? ne doivent-ils pas auſſi ſe traiter & vivre en freres ? Que cette forme ſimple éviteroit d'embarras & de frais !

Au bas de l'exposé de celui qui prétendroit l'indemnité de quelques brins d'herbes broutés par l'âne de son voisin, la propriété d'une haie, d'un arbre, d'un fossé, d'une prise d'eau, un droit de passage ou d'abreuvoir, le voisin assigné founiroit sa défense : le juge les renverroit pardevant arbitres : les arbitres décriroient simplement le local, y ajouteroient, s'ils avoient eu besoin d'entendre des témoins, le sommaire de leurs dépositions : leur sentence suivroit : une feuille de papier contiendroit nettement ce qui s'embrouille aujourd'hui dans mille ; & le juge d'appel, si on y avoit recours, trouveroit aisément, dans un exposé simple, les sources d'une décision toujours sûre & toujours juste.

Une ordonnance générale sagement combinée, seroit pour l'agriculture le plus précieux bienfait, la régénéreroit, la porteroit bientôt au plus haut point de splendeur où elle puisse parvevenir. Attendons avec confiance ce bienfait du monarque qui nous gouverne : il a donné des ordonnances pour les armées, la marine & les manufactures, une foule de réglemens utiles au commerce : il assurera, par une ordonnance générale sagement combinée, la prospérité de l'agriculture, & par sa régénération la félicité publique.

Déja tous les instans de son regne ont ajouté à la splendeur, à la gloire, au bonheur de la nation : la sagesse, la justice & la force se sont assises avec lui sur le trône où il est monté, pour le bien des deux mondes : son bras vainqueur a brisé les fers de l'Amérique, & elle est devenue une puissance : avec elle les mers & le commerce ont été libres : & celui de la France a pris des branches nouvelles & fécondes : des canaux multipliés, de ſuperbes routes, de nouveaux ports ont ouvert, dans le continent & ſur les deux mers, de nouveaux débouchés aux productions du ſol & de l'induſtrie

Avant de porter le ſceptre, ſes jeunes mains n'avoient pas dédaigné de tracer des ſillons. Dès qu'il fut roi, il affranchit les ſerſs ; & l'agriculteur, pénétré d'amour & de reconnoiſſance, eſtima ſa profeſſion, s'y attacha davantage & eſpéra le bonheur ſous les loix d'un monarque qui s'occupoit de lui : bientôt les encouragemens accordés à l'établiſſement des manufactures dans les campagnes, y ont porté le travail, & l'aiſance qui marche à ſa ſuite, les modifications paternelles qui ont adouci la rigueur des milices, la converſion des corvées perſonnelles en une ſomme fixe, ſagement diſtribuée entre les contribuables, ont aſſuré la tranquillité de l'agriculteur & réſervé tous ſes travaux à ſes champs ; des loix ſoigneuſement combinées, en accordant une ſage liberté à la circulation des grains, des vins & des eſprits que le feu en ſépare, procurent à l'agriculteur un débit plus avantageux de ſes denrées ; un traité de commerce, vainement deſiré par nos peres, & heureuſement conſommé par la ſageſſe du roi, avec une nation trop long-temps ennemie, aſſure un débouché important à nos vins, production précieuſe, baſe de notre richeſſe nationale, la ſeule qui nous ſoit propre, & qu'aucune rivalité ne puiſſe nous enlever. Ainſi nous verrons ſe ranimer la culture des vignes, ſeule récolte importante dans nos provinces, où, par une fatalité inconcevable, le défaut de débit faisoit gémir de l'abondance des vins, où la trop grande fécondité causoit presque autant de douleur & de perte au cultivateur périssant de misere au milieu de ses celliers remplis, que la stérilité absolue : ainsi, sous le regne d'un monarque qui a donné la liberté à un autre hémisphere, qui a brisé les chaînes des serfs & du commerce, tout promet à l'agriculture la protection, la sûreté, la liberté, & sous cette triple égide, les succès les plus brillans.

Monté sur le trône, à une époque où on a connu la véritable gloire, où les souverains ne la font plus consister dans l'effusion du sang des hommes, la dévastation des campagnes, la conquête de quelques provinces, où ils préferent tous l'olive de Minerve aux lauriers ensanglantés de Bellone, où ils s'efforcent d'encourager l'agriculture, la population & le commerce, Louis XVI a devancé, dans cette carriere de bienfaisance, tous les princes ses rivaux & ses contemporains.

Puisqu'il s'est ouvert une nouvelle route au temple de la gloire, ne dévrions-nous pas aussi nous empresser d'inventer un nouveau genre d'hommage pour un monarque bienfaiteur de l'humanité ?

Assez & trop long-temps, on a concentré dans les villes, les statues élevées aux grands rois, comme si les rois n'étoient les peres que des cités : assez & trop long-temps, on y a représenté les monarques armés en guerre, entourés de trophées sanglans & d'ennemis renversés, comme si toute leur gloire consistoit à répandre le sang des hommes.

Offrons à Louis XVI un monument plus digne de son siecle, plus digne de lui. Au sein de nos campagnes, fécondées par ses bienfaits, & à la rencontre de quelques-unes de ces routes destinées par sa sagesse, à porter dans les provinces, & jusqu'à l'océan, les fruits de cette fécondité, élevons sa statue : qu'il y soit représenté brisant les chaînes de l'agriculture & du commerce ; qu'au lieu de faisceaux d'armes & d'esclaves enchaînés, symboles de la stérilité & de l'infortune, sa base soit ornée des instrumens de l'agriculture, & de couronnes d'épis, de pampres & de fruits, symboles de l'abondance & du bonheur : qu'on y lise les loix qu'il a faites pour la prospérité du commerce & la régénération de l'agriculture : placé au milieu des agriculteurs, il sembleroit leur dire : « Je » veille soigneusement à votre félicité : vous êtes mes » enfans : je vous aime : je vous ouvre les routes de » l'aisance & du bonheur : travaillez pour les obtenir. »

Que ce spectacle simple seroit attendrissant & sublime ! qu'il seroit encourageant pour l'acriculture ! Plus d'une fois le laboureur iroit le contempler : plus d'une fois, transporté d'admiration, d'amour & d'espoir, il iroit, comme ce grenadier qui aiguisoit son sabre au tombeau de Turenne, ranimer son courage & son zele pour le travail, à la statue du meilleur des rois.

FIN.

www.ingramcontent.com/pod-product-compliance
Ingram Content Group UK Ltd.
Pitfield, Milton Keynes, MK11 3LW, UK
UKHW020915180726
13838UKWH00002B/551

9 782329 464442